U0384063

国网冀北电力有限公司输变电工程

通用设计

220kV智能变电站模块化建设

国网冀北电力有限公司

国网冀北电力有限公司经济技术研究院　组编

北京京研电力工程设计有限公司

中国电力出版社
CHINA ELECTRIC POWER PRESS

基于国家电网有限公司 2017 年修订完成的 220kV 智能变电站模块化建设通用设计方案，编者对冀北地区智能变电站 3 个 220kV 通用设计方案［A1-2（10）、A1-2（35）、A3-2］编制施工图深度的全套设计及相关施工说明、材料清册、工程量清单、计算书、装配式建筑物选型专题和技术规范书的典型设计研究，以固化工程建设关键节点的关联业务内容。

　　本书分为总的部分、技术导则、冀北通用设计实施方案、冀北通用设计实施方案施工图设计说明及图纸 4 篇。其中，第 1 篇包括概述、工作过程、设计依据、通用设计使用说明、技术方案适用条件及技术特点；第 2 篇包括 220kV 智能变电站模块化建设通用设计技术导则、220kV 智能变电站模块化建设通用设计施工图技术导则；第 3 篇包括 JB-220-A1-2（10）、JB-220-A1-2（35）、JB-220-A3-2 通用设计实施方案，分别介绍了方案设计说明、卷册目录、主要图纸、主要计算书和主要设备材料表；第 4 篇以电子出版物的形式附于书后。

　　本书可供冀北地区及其他相关地区从事电力工程规划、设计、施工、安装、生产运行等专业技术人员和管理人员使用，也可供大专院校有关专业的师生参考。

图书在版编目（CIP）数据

国网冀北电力有限公司输变电工程通用设计　220kV 智能变电站模块化建设／国网冀北电力有限公司，国网冀北电力有限公司经济技术研究院，北京京研电力工程设计有限公司组编. —北京：中国电力出版社，2019.7

　ISBN 978-7-5198-2855-4

　Ⅰ．①国…　Ⅱ．①国…②国…③北…　Ⅲ．①智能系统–变电所–工程设计　Ⅳ.①TM63

　中国版本图书馆 CIP 数据核字（2019）第 051369 号

出版发行：中国电力出版社
地　　址：北京市东城区北京站西街 19 号
邮政编码：100005
网　　址：http://www.cepp.sgcc.com.cn
责任编辑：罗　艳（yan-luo@sgcc.com.cn）　高　芬　邓慧都
责任校对：黄　蓓　闫秀英
装帧设计：张俊霞
责任印制：石　雷

印　　刷：三河市百盛印装有限公司
版　　次：2019 年 7 月第一版
印　　次：2019 年 7 月北京第一次印刷
开　　本：880 毫米×1230 毫米　横 16 开本
印　　张：10.25　插页 5
字　　数：381 千字
定　　价：210.00 元（含 1DVD）

编 委 会

前　　言

为解决常规变电站建设模式存在的占地多、现场施工量大、周期长、建设质量难以掌控、二次设备接线工作量大等问题，国家电网有限公司基建部于2013年提出了以"标准化设计、工厂化加工、装配式建设"为建设思路的模块化变电站建设方案，采用装配式建筑、预制舱式二次组合设备、预制光电缆等模块化技术，由厂家统一集成生产安装，提高设备集成度、大大减少现场工作量、节省变电站建筑面积、节约投资、提高工程建设质量。

2015年6月，国家电网公司颁布了《国家电网公司输变电工程通用设计　110（66）kV智能变电站模块化建设（2015年版）》（初步设计深度），标志着模块化变电站建设进入了全面推广阶段。按此要求，国网冀北电力有限公司2015年开始的110kV新建变电站均按照模块化建设方针开展。2016年12月，国家电网公司颁布了《国家电网公司输变电工程通用设计35~110kV智能变电站模块化施工图设计（2016年版）》，对2015年版的35~110kV智能变电站模块化建设方案进行了细化和调整。2017年，国网基建部组织编写了《国家电网公司输变电工程通用设计　220kV变电站模块化建设（2017年版）》，并于2018年6月颁布，从而正式将220kV变电站纳入模块化变电站建设全面推广范围。

为全面贯彻国网基建部220kV变电站模块化建设方针，国网冀北电力有限公司组织国网冀北电力有限公司经济技术研究院、北京京研电力工程设计有限公司，在《国家电网公司输变电工程通用设计　220kV智能变电站模块化建设（2017年版）》基础上，总结、吸收变电站模块化建设技术创新和实践成果，结合冀北地区自身地域、环境等特点，编制了《国网冀北电力有限公司输变电工程通用设计　220kV智能变电站模块化建设》。

本书共分为4篇，第1篇为总的部分，包括概述、工作过程、设计依据、通用设计使用说明、技术方案适用条件及技术特点等；第2篇为技术导则；第3篇为冀北通用设计实施方案，主要包括国网冀北电力3个实施方案设计说明及主要图纸；

第 4 篇为冀北通用设计实施方案施工图设计说明及图纸，以电子版出版物形式附于书后。

由于编者水平有限，不妥之处在所难免，敬请读者批评指正。

编　者

2019 年 3 月

目　录

第3篇 冀北通用设计实施方案

第4篇 冀北通用设计实施方案施工图设计说明及图纸

第1篇

总 的 部 分

第1章 概 述

1.1 目的和意义

2009年,国家电网有限公司(简称国家电网公司)发布了标准化建设成果目录,首次提出通用设计、通用设备(简称"两通")应用要求。期间又多次发文更新"两通"应用目录,深化标准化建设成果应用。《国网基建部关于印发2016年推进智能变电站模块化建设工作要点的通知》(基建技术〔2016〕18号),文件明确110kV及以下智能变电站全面实施模块化建设,模块化建设是智能变电站基建技术的又一次重要变革与升级。如何通过深化应用"两通",研究完善"模块化"家族的建设技术标准体系,实现"设计与设备统一、设备通用互换",是持续推动标准化建设水平提升的必要条件。

近年来,随着电网飞速发展,国网冀北电力有限公司(简称国网冀北电力)220kV智能变电站建设规模急剧攀升,建设规模的大幅提升,规模化建设对智能变电站工程建设管理水平和建设标准体系应用提出了更高要求。由于各业务部门对"两通"等设计、设备类标准及技术原则的应用形式、范围、深度要求不一,造成建设管理全过程各关键环节的输入输出信息、重要工作文档、工作表单等内容及颗粒度差异性较大,制约了标准化建设水平的持续提升。由此,构建基于"两通"的智能变电站模块化建设技术标准体系,实现"两通"标准与模块化建设技术的统一融合,加快培养提升公司智能变电站模块化建设的能力和效率,是适应智能电网规模化建设的客观需要。

冀北地区担负着给京津地区供电的重任,电网建设不仅要考虑建设效率问题,还要考虑建设环境、社会环境、政治环境等因素,为贯彻落实国家电网公司"集团化运作、集约化发展、精益化管理、标准化建设"的管理要求,国网冀北电力建设部明确以标准化建设为主线,通过分析模块化建设全过程关键环节管控目标的潜在问题,应用国际通用的QQTC模型(Quantity、Quality、Time、Cost,数量、质量、时间和成本四个维度进行绩效指标的提炼,即QQTC模型)建立模块化建设技术标准体系,统一融合"两通"标准与模块化建设技术。体系突出包含规模、质量、进度、效益4个维度的项目建设全过程应用目标,重点着眼于提升项目可研设计、初步设计、物资采购、设计联络、施工图设计、施工作业流程管理等建设全过程关键环节的标准化管控水平。同时,通过全面开展模块化建设技术标准体系的常态化评价与改进机制,以建立该体系在项目建设全过程中的"公转"轨道。基于"两通"的智能变电站模块化建设技术标准体系在国家电网模块化建设示范工程中试点实践后,在工程建设效率与效益方面呈现了良好应用效果,实现了智能变电站工程建设管理模式的转型升级。因此,开展冀北地区220kV(A1-2、A3-2)变电站模块化施工图通用设计具有重大的意义。

1.2 主要工作内容

基于国家电网公司2017年新修订完成的220kV智能变电站模块化建设通用设计方案,完成智能变电站220kV(A1-2、A3-2)通用设计方案施工图深度的全套设计及相关施工说明、材料清册、工程量清单、计算书的典型设计研究，固化工程建设关键节点的关联业务内容，最大程度合理统一设计、设备、采购、施工，充分发挥规模效应和协同效应。该标准化设计形成的技术成果能适用于冀北地区 220kV 智能变电站设计、施工、调试和运维习惯，并可对实际工程的设计起到借鉴和参考作用。

施工图深度的全套设计资料包括符合国家电网公司 220kV 智能变电站模块化建设通用设计方案（A1-2、A3-2）、通用设备要求、符合施工图深度规定的电气一次、电气二次、建筑、结构、水工、暖通专业施工图，各专业间统一模式，统一标准，资源共享，规范制图。

同时针对 220kV（A1-2、A3-2）通用设计方案施工图开展设备通用互换性深化研究工作，对 GIS 等 7 类电气一次主设备和监控系统等 25 类二次设备开展研究，固化设备通用接口相关要求，落实"标准化设计、工业化生产、装配式建设"理念，同时确保方案涉及的物资符合申报要求，实现施工图设计方案在工程实施中的落地。

此外，开展模块化变电站钢结构建筑物通用性深化研究工作，进一步优化提升标准钢结构设计方案整体性能及通用性。

1.3　编制原则

智能变电站模块化建设通用设计编制坚持"安全可靠、技术先进、投资合理、标准统一、运行高效"的设计原则。努力做到技术方案可靠性、先进性、经济性、适用性、统一性和灵活性的协调统一。

（1）可靠性。各个基本方案安全可靠，通过模块拼接得到的技术方案安全可靠。

（2）先进性。推广应用电网新技术，鼓励设计创新，设备选型先进合理，占地面积小，注重环保，各项技术经济指标先进合理。

（3）经济性。综合考虑工程初期投资、改（扩）建与运行费用，追求工程寿命期内最佳的企业经济效益。

（4）适用性。综合考虑各地区实际情况，基本方案涵盖唐山、张家口、秦皇岛、承德、廊坊五市，通过基本模块拼接满足各类型变电站应用需求，使得通用设计在国网冀北电力内具备广泛的适用性。

（5）统一性。统一建设标准、设计原则、设计深度、设备规范，保证工程建设统一性。

（6）灵活性。通用设计模块划分合理，接口灵活，方便方案拼接灵活使用。深化通用设计，达到施工图深度。梳理各市公司通用设计应用需求，严格执行通用设备"四统一"要求，整合应用标准工艺，编制 220kV 智能变电站模块化建设施工图通用设计，提高通用性。

第 2 章　工作方式和工作过程

2.1　工作方式

国网冀北电力建设部统一组织，冀北经研院技术牵头，北京京研电力工程设计有限公司承担编写工作，针对项目成立电气一次、电气二次、土建（含建筑、结构、水工、暖通）三个专业课题组，针对项目的研究内容和考核目标制订分阶段实施方案，并定期召开项目研究进展会，协调项目推进的力度，对项目全过程进行控制，按时、按质量完成课题研究任务。

（1）广泛调研，征求意见。由国网冀北电力建设部统一组织，在现行智能变电站通用设计基础上，广泛调研应用需求，优化确定技术方案组合，并征求各市公司意见。

（2）统一组织，分工负责。由国网冀北电力建设部统一组织，北京京研电力工程设计有限公司编制设计技术导则，冀北经研院统一组织设计成果评审，各市公司负责对本地区参编单位的组织指导工作。

（3）严格把关、保证质量。成立电气一次、电气二次、土建（含建筑、结构、水工、暖通）三个专业课题组，确保工作质量，保证按期完成。国网经济技术研究院有限公司、电力规划设计总院、中国电力企业联合会电力建设及技术经济咨询中心等相关单位专家共同把关，保证设计成果质量。

（4）工程验证，全面推广。依托工程设计建设，应用模块化建设通用设计成果，修改完善并全面推广应用。

2.2　工作过程

220kV 智能变电站模块化建设通用设计工作分为收资调研、关键技术研究、典型施工图编制、审查统稿形成设计成果等四个阶段。

（1）项目搜资调研阶段。调研智能变电站施工图标准化技术的实际需求，确定具体研究方向和细节；联系冀北地区建设、运维、调试、施工及设备制造单位，摸清符合冀北地区要求的智能变电站施工图标准化的关键技术、相关设备的研究现状，包括其存在的技术瓶颈，寻找研究突破点；联系部分开展相关冀北地区施工图设计研究的兄弟设计院，针对智能变电站标准化技术与施工图典型设计的研究思路进行交流，掌握冀北地区典型设计研究的最新进展，吸收好的思路；通过网络、文献、现场考察等途径搜集国外智能变电站建设方面的最新成果和经验，为深化设计提供支撑。

（2）关键技术研究阶段。基于项目调研，明确 220kV（A1-2、A3-2）通用设计方案建设标准及技术原则的应用范围与颗粒度，根据建设流程向下分解并固化建设全过程各关键环节的输入输出信息，重要工作文档、工作表单等关联性标准化成果，确保各类建设标准统一、有效地执行与落地。

经与各部门充分沟通，各专业明确通用接口方案、总平面布置、电气设备选型、二次设备布置及组网形式、钢结构建筑物实施方案、施工图目录及图纸

内容等关键研究技术，最终形成两个通用设计方案的《智能变电站施工图典型设计方案实施导则》，经广泛征求意见、深化讨论、细化设计后，经专家组评审后成稿。

（3）典型施工图编制阶段。根据《智能变电站施工图典型设计方案实施导则》，统一各专业设计深度、计算项目、图纸表达方式，固化工程设计标准，施工图设计深度出图。形成符合冀北特色的标准化施工图。根据标准化设计成果，统一电气一次主设备和二次系统通用接口标准，形成标准化工程量清单。根据"钢结构+装配式"模块化建设要求，统一建构筑物配件清册和建筑钢构件标准化加工图册，有效提升智能变电站施工图设计效率，优化技术细节，提高运行维护便利性，降低全寿命周期成本。先后召开 1 次集中工作会、2 次评审会，经编制单位内部校核、交叉互查、专家评审后，修改、完善后形通用设计。

（4）统稿及形成设计阶段。召开统稿会，统一图纸表达、套用图应用等，形成通用设计成果。

<h1 style="text-align:center">第3章 设 计 依 据</h1>

3.1 设计依据性文件

基建技术〔2017〕21 号 国网基建部关于开展 220kV 智能变电站模块化建设工作的通知

3.2 主要设计标准、规程规范

下列设计标准、规程规范中凡是注日期的引用文件，其随后所有的修改单或修订版均不适用于本通用设计，然后鼓励根据本标准达成协议的各方研究是否可使用这些文件的最新版本。凡是不注日期的引用文件，其最新版本适用于本通用设计。

GB/T 2887—2000 电子计算机场地通用规范

GB/T 9361—1988 计算站场地安全要求

GB/T 12755 建筑用压型钢板

GB/T 14285—2006 继电保护和安全自动装置技术规程

GB/T 30155—2013 智能变电站技术导则

GB/T 50006—2010 厂房建筑模数协调标准

GB 50007—2011 建筑地基基础设计规范

GB 50009—2012 建筑结构荷载规范

GB 50010—2010 混凝土结构设计规范

GB 50011—2010 建筑抗震设计规范

GB 50016—2014 建筑设计防火规范（附条文说明）

GB 50017—2017 钢结构设计规范

GB/T 50064—2014 交流电气装置的过电压保护和绝缘配合设计规范

GB 50065—2011 交流电气装置的接地设计规范

GB 50116—2013 火灾自动报警系统设计规范

GB 50217—2018 电力工程电缆设计规范

GB 50223—2008 建筑工程抗震设防分类标准

GB 50227—2017 并联电容器装置设计规范

GB 50229—2006　火力发电厂与变电站设计防火规范

GB 50260—2013　电力设施抗震设计规范

GB 50345—2012　屋面工程技术规范

GB 51022—2015　门式刚架轻型房屋钢结构技术规范

GB/T 51072—2014　110（66）kV～220kV 智能变电站设计规范

DL/T 448—2016　电能计量装置技术管理规程

DL/T 860—2004　变电站通信网络和系统

DL/T 5002—2005　地区电网调度自动化设计技术规程

DL/T 5003—2005　电力系统调度自动化设计技术规程

DL/T 5027　电力设备典型消防规程

DL/T 5044—2014　电力工程直流电源系统设计技术规程

DL/T 5056—2007　变电站总布置设计技术规程

DL/T 5136—2012　火力发电厂、变电站二次接线设计技术规程

DL/T 5137—2001　电测量及电能计量装置设计技术规程

DL/T 5155—2016　220kV～1000kV 变电站站用电设计技术规程

DL/T 5202—2004　电能量计量系统设计技术规程

DL/T 5218—2012　220kV～750kV 变电站设计规程

DL/T 5222—2005　导体和电器选择设计技术规定

DL/T 5242—2010　35kV～220kV 变电站无功补偿装置设计技术规定

DL/T 5352—2018　高压配电装置设计技术规程

DL/T 5390—2014　火力发电厂和变电站照明设计技术规定

DL/T 5457—2012　变电站建筑结构设计规程

DL/T 5510—2016　智能变电站设计技术规定

Q/GDW 441　智能变电站继电保护技术规范

Q/GDW 678　智能变电站一体化监控系统功能规范

Q/GDW 679　智能变电站一体化监控系统建设技术规范

Q/GDW 1161—2013　线路保护及辅助装置标准化设计规范

Q/GDW 1166.2　国家电网公司输变电工程初步设计内容深度规定　第 3 部分：220kV 智能变电站

Q/GDW 1175—2013　变压器、高压并联电抗器和母线保护及辅助装置标准化设计规范

Q/GDW 1381.1　国家电网公司输变电工程施工图设计内容深度规定　第 2 部分：220kV 变电站

Q/GDW 11152—2014　智能变电站模块化建设技术导则

Q/GDW 11154—2014　智能变电站预制电缆技术规范

Q/GDW 11155—2014　智能变电站预制光缆技术规范

Q/GDW 11157—2014　预制舱式二次组合设备技术规范

办基建〔2013〕3 号　国家电网公司办公厅关于印发智能变电站 110kV 保护测控装置集成和 110kV 合并单元智能终端装置集成技术要求的通知

联办技术〔2015〕1 号　国网联办关于印发智能变电站有关技术问题研讨会纪要的通知

联办技术〔2015〕2 号　国网联办关于印发智能变电站有关技术问题第二次研讨会纪要的通知

基建技术〔2018〕29 号　国网基建部关于发布输变电工程设计常见病案例清册（2018 版）的通知

国家电网科〔2017〕549 号　国家电网公司关于印发电网设备技术标准差异条款统一意见的通知

国家电网公司输变电工程通用设计　220kV 变电站模块化建设（2017 版）

第4章　通用设计使用说明

4.1　设计范围

本次智能变电站模块化施工图通用设计适用于冀北地区交流 220kV 智能变电站新建工程的施工图设计。

通用设计范围是变电站围墙以内，设计标高零米以上，未包括受外部条件影响的项目，如系统通信、保护通道、进站道路、竖向布置、站外给排水、地基处理等。

假定站址条件：

（1）海拔<1000m。

（2）环境温度：−30～+40℃。

（3）最热月平均最高温度：35℃。

（4）覆冰厚度：10mm。

（5）设计风速：30m/s（50年一遇10m高10min平均最大风速）。

（6）设计基本地震加速度：0.10g。

（7）年平均雷暴日＜50日，近3年雷电检测系统平均落雷密度＜3.5次/（km^2·年）。

（8）声环境：变电站噪声排放需满足国家法规和相关标准要求。具体工程根据实际情况考虑。

（9）地基：地基承载力特征值取$f_{ak}=150$kPa，地下水无影响，场地同一标高。

（10）采暖：按采暖区设计。

4.2 方案分类和编号

4.2.1 方案分类

220kV变电站模块化建设通用设计以《国家电网公司输变电工程通用设计220kV变电站模块化建设（2017年版）》为基础，按照深度规定要求开展设计，包含若干基本方案。通用设计采用模块化设计思路，每个基本方案均由若干基本模块组成，基本模块可划分为若干子模块，具体工程可根据本期规模使用子模块进行调整。

基本方案：综合考虑电压等级、建设规模、电气主接线型式、配电装置型式等，按照户内GIS、户外GIS不同型式划分为2种基本方案。

基本模块：按照布置或功能分区将每个方案划分若干基本模块。

4.2.2 方案编号

（1）通用设计方案编号。方案编号由3个字段组成：变电站电压等级–分类号–方案序列号。

第一字段"变电站电压等级"：220，代表220kV变电站模块化建设通用设计方案。

第二字段"分类号"：代表高压侧开关设备类型。A代表GIS方案，A或A1代表户外站，A2代表全户内站。

第三文字段"方案序列号"：用1、2、3…表示。字段后（35）、（10）表示低压侧电压等级。

通用设计方案编号示意如下：

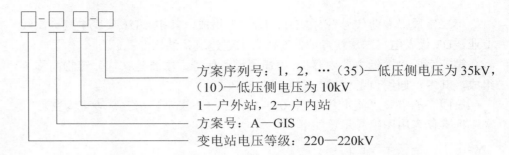

（2）冀北公司实施方案编号是在方案编号前冠以省公司代号JB。

4.3 图纸编号

（1）通用设计图纸编号。图纸编号由5个字段组成：变电站电压等级–分类号–方案序列号–卷册编号–流水号。

第一字段～第三字段：含义同通用设计方案编号。

第四字段"卷册编号"：由D0101、D0201、T0101、N0101、S0101等组成，其中，D01代表电气一次线专业，D02代表电气二次线专业，T代表土建建筑、结构专业，N代表暖通，S代表水工。

第五字段"流水号"：用01、02…表示。

通用设计图纸编号示意如下：

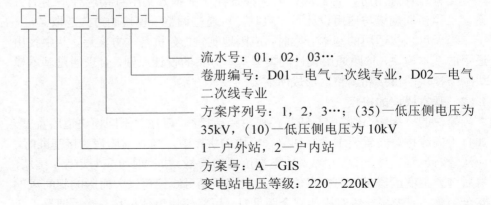

（2）标准化套用图编号。套用图编号由5个字段组成：TY–专业代号–图纸主要内容–序号–小序号。

第一字段TY：代表"套用"。

第二字段"专业代号"：由 D1、D2、T 组成，其中，D1 代表电气一次线专业，D2 代表电气二次线专业，T 代表土建建筑、结构专业。

第三字段"图纸主要内容"：由通用设备代号、主要建（构）筑物简称等组成，其中，通用设备代号与通用设备一致。

第四、五字段"流水号"：用 01–1、02–1…表示。第五字段可为空。

标准化套用图编号示意如下：

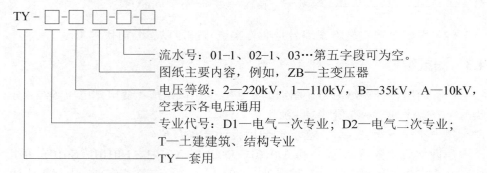

4.4 初步设计

4.4.1 方案选用

工程设计选用时，首先应根据工程条件在基本方案中直接选择适用的方案，工程初期规模与通用设计不一致时，可通过调整子模块的方式选取。

当无可直接适用的基本方案时，应因地制宜，分析基本方案后，从中找出适用的基本模块，按照通用设计同类型基本方案的设计原则，合理通过基本模块和子模块的拼接和调整，形成所需要的设计方案。

4.4.2 基本模块的拼接

模块的拼接中，道路中心线是模块拼接衔接线，应注意不同模块道路宽度，如有不同应按总布置要求进行调整。模块的拼接中，当以围墙为对接基准时，应注意对道路、主变压器引线、电缆沟位置的调整。拼接时可先对道路、围墙，然后调整主变压器引线的挂点位置。如主变压器引线偏角过大而影响相间风偏安全距离；或影响导线对构架安全距离时，可将模块整体位移，然后调整主变压器引线的挂点位置，以获得最佳拼接效果。

4.4.3 初步设计的形成

确定变电站设计方案后，应再加入外围部分完成整体设计。实际工程初步

设计阶段，对方案选择建议依据以下文件：

（1）国家相关的政策、法规和规章。

（2）工程设计有关的规程、规范。

（3）政府和上级有关部门批准、核准的文件。

（4）可行性研究报告及评审文件。

（5）设计合同或设计委托文件。

（6）城乡规划、建设用地、防震减灾、地质灾害、压覆矿产、文物保护、消防和劳动安全卫生等相关依据。

受外部条件影响的内容，如系统通信、保护通道、进站道路、竖向布置、站外给排水、地基处理根据工程具体情况进行补充。

4.5 施工图设计

智能变电站施工图设计方案是特定输入条件下形成的设计方案，实际工程在参照智能变电站施工图方案设计思路的同时应严格遵守工程强制性条文及相关规程规范，各类电气、力学等计算应根据工程实际确保完整、准确，导线、电（光）缆根据实际工程情况选型应合理，技术方案安全可靠。建议可通过以下三方面内容（但不限与此）核对方案的适用性。

首先，应核对工程系统条件、系统容量、出线规模是否与智能变电站施工图一致。如系统阻抗变化时热稳定电流的选择、变压器容量由 180MVA 调整为 240MVA 时应按选定的导线重新验算导线受力、出线规模增加构架及围墙尺寸的调整等。

其次，核对厂家资料是否满足通用设备技术及接口要求。如变压器基础尺寸是否与通用设备一致，GIS、开关柜基础尺寸是否与通用设备一致，二次设备接线是否与通用设备一致，如不一致，应相应调整。

第三，核对工程环境条件是否与智能变电站施工图一致，如海拔、地震、风速、荷载等。

4.5.1 核实详细资料

根据初步设计评审及批复意见，核对工程系统参数，核实详勘资料，开展电气、力学等计算，落实通用设计方案。

4.5.2 编制施工图

按照 Q/GDW 1381《国家电网公司输变电工程施工图设计内容深度规定》要求，根据工程具体条件，以具体实施方案施工图为基础，合理选用相关标准化套用图，编制完成全部施工图。

4.5.3 核实厂家资料

设备中标后,应及时核对厂家资料是否满足通用设备技术及接口要求,不符合规范的应要求厂家修改后重新提供。

第 5 章　技术方案组合、适用条件及技术特点

5.1　技术方案组合

技术方案组合见表 5 – 1。

表 5 – 1　　　　　　技 术 方 案 组 合 表

序号	模块化建设通用设计方案编号	建设规模	接线型式	总布置及配电装置	围墙内占地面积(hm²)/总建筑面积(m²)
1	220 – A1 – 2	主变压器: 2/3×240MVA; 出线:220kV 4/8 回,110kV 4/14 回,10kV 16/24 回(35kV 8/12 回); 每台主变压器低压侧无功:10kV 电容 4/4 组(35kV 电容 2/2 组)	220kV: 本期双母线,远期双母线单分段; 110kV:本期及远期双母线; 10kV:本期单母线分段接线,远期单母线三分段(35kV 本期单母线分段,远期单母线分段+单元接线)	220、110kV 及主变压器场地平行布置; 220kV:户外 GIS,设置 1 个Ⅲ型预制舱; 110kV:户外 GIS,设置 1 个Ⅱ型预制舱; 10kV:户内开关柜单列布置(35kV)户内开关柜双列布置; 低压电容器户外布置; 接地变压器、消弧线圈户外布置; 公用及主变压器二次设备布置于二次设备室	0.9918/672 (1.0089/715)
2	220 – A3 – 2	主变压器: 2/3×240MVA; 出线:220kV 4/10 回,110kV 6/12 回,10kV 24/36 回; 每台主变压器低压侧无功:10kV 电容 3/3 组,电抗 2/2 组	220kV: 本期及远期双母线单分段; 110kV:本期及远期双母线; 10kV:本期单母线四分段,远期单母线六分段	两幢楼平行布置,主变压器户外布置; 220kV 配电装置楼:一层布置无功设备,二层布置 GIS,4 回架空、6 回电缆出线; 110kV 配电装置楼:一层布置 10kV 户内开关柜(双列布置)、接地变压器及消弧线圈成套装置,二层布置 110kV GIS 及二次设备,110kV 4 回架空、8 回电缆出线; 各电压等级间隔层设备下放布置,公用及主变压器二次设备布置在二次设备室	0.7140/3772

5.2　技术方案适用条件及技术特点

技术方案适用条件及技术特点见表 5 – 2。

表 5 – 2　　　　　　技 术 方 案 适 用 条 件 及 技 术 特 点

序号	模块化建设通用设计方案类型	适用条件	技 术 特 点
1	A1(户外 GIS)	(1)人口密度高、土地昂贵地区; (2)受外界条件限制,站址选择困难地区; (3)复杂地质条件、高差较大的地区; (4)特殊环境条件地区:高地震烈度、高海拔、严重污染等	(1)电压等级 220kV/110kV/35(10)kV;主变压器户外布置; 220kV:本期及远期双母线或双母线单分段;GIS 户外布置;全架空出线; 110kV:本期及远期双母线;GIS 户外布置;全架空出线; 35kV:本期单母线,远期"单母线+单元接线";户内开关柜双列布置; 10kV:本期单母线,远期单母线三分段,户内开关柜双列或单列布置。 (2)预制舱式二次组合设备、模块化二次设备、预制式智能控制柜、预制光电缆。 (3)装配式建筑物,外墙采用压型钢板复合板,内墙采用防火石膏板,屋面采用钢筋桁架楼承板。特殊环境下建筑物外墙采用纤维水泥复合板
2	A3(半户内 GIS)	(1)人口密度高、土地昂贵地区; (2)受外界条件限制,站址选择困难地区; (3)复杂地质条件、高差较大的地区; (4)特殊环境条件地区:如高地震烈度、高海拔、严重污染和大气腐蚀性严重、严寒和日温差大等地区	(1)电压等级 220kV/110kV/35(10)kV;主变压器户外布置; 220kV:本期双母线,远期双母线或双母线单分段;GIS 户内布置;架空电缆混合出线; 110kV:本期及远期双母线;GIS 户内布置;架空电缆混合出线; 10kV:本期单母线分段或四分段,远期"单母线分段+单元接线"或单母线六分段;户内开关柜双列布置; 35kV:本期单母线分段,远期单母线三分段,户内开关柜双列布置。 (2)模块化二次设备、预制式智能控制柜、预制光电缆。 (3)装配式建筑物,外墙采用压型钢板复合板,内墙采用防火石膏板,屋面采用钢筋桁架楼承板。特殊环境下建筑物外墙采用纤维水泥复合板

第2篇

技　术　导　则

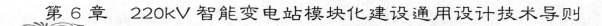

第6章　220kV智能变电站模块化建设通用设计技术导则

6.1　概述

6.1.1　设计对象

220kV智能变电站模块化建设通用设计对象为国家电网公司系统内的220kV户外变电站和户内变电站，不包括地下、半地下等特殊变电站。

6.1.2　设计范围

变电站围墙以内，设计标高零米以上的生产及辅助生产设施。受外部条件影响的项目，如系统通信、保护通道、进站道路、站外给排水、地基处理、土方工程等不列入设计范围。

6.1.3　运行管理方式

原则上按无人值班设计。

6.1.4　模块化建设原则

电气一、二次集成设备最大程度实现工厂内规模生产、调试、模块化配送，减少现场安装、接线、调试工作，提高建设质量、效率。

监控、保护、通信等站内公用二次设备宜按功能设置一体化监控模块、电源模块、通信模块等；间隔层设备宜按电压等级或按电气间隔设置模块，户外变电站宜采用模块化二次设备、预制舱和预制式智能控制柜，户内变电站宜采用模块化二次设备和预制式智能控制柜。

过程层智能终端、合并单元宜下放布置于智能控制柜，智能控制柜与GIS控制柜一体化设计。

宜采用预制电缆和预制光缆实现一次设备与二次设备、二次设备间的光缆、电缆即插即用标准化连接。

变电站高级应用应满足电网大运行、大检修的运行管理需求，采用模块化设计、分阶段实施。

建筑物，构、支架宜采用装配式钢结构，实现标准化设计、工厂化制作、机械化安装。

构筑物基础采用标准化尺寸，定型钢模浇制。

6.2　电力系统

6.2.1　主变压器

单台主变压器容量按180、240MVA配置。主变压器可采用三绕组或双绕组，无载调压或有载调压变压器。变压器调压方式应根据系统情况确定。

一般地区主变压器远期规模宜按3台配置，对于负荷密度特别高的城市中心、站址选择困难地区主变压器远期规模可按4台配置，对于负荷密度较低的地区主变压器远期规模可按2台配置。

6.2.2　出线回路数

远期2台主变压器时，根据变电站在系统中的地位和性质，220kV出线可按6～8回配置，110kV出线按6～10回配置，35kV出线按8回配置，10kV出线按16回配置。

远期3台主变压器时，根据变电站在系统中的地位和性质，220kV出线可按3～12回配置，110kV出线按10～15回配置，35kV出线按4～30回配置，10kV出线按16～36回配置。

远期4台主变压器时，根据变电站在系统中的地位和性质，220kV出线可按10回配置，110kV出线按12回配置，10kV出线按28～30回配置。

出线回路数配置原则详见表6-1。

表6-1　　　　　　　　　出线回路数配置原则

出线规模	2台主变压器		3台主变压器		4台主变压器
	三绕组	双绕组	三绕组	双绕组	双绕组
220kV出线（回）	6	8	3/6/8/10/12	8/10	10
110kV出线（回）	10	—	10/12/14/15	—	12
35kV出线（回）	8	—	4/8/12/18/24/30	—	—
10kV出线（回）	16	—	16/24/28/30/36	—	28/30

注　实际工程可根据具体情况对各电压等级出线回路数进行适当调整。

6.2.3　无功补偿

无功补偿容量根据规程按不宜超过主变压器容量的30%配置，通用设计方案按10%～15%配置，具体方案以系统计算为准进行配置。

对进、出线以架空出线为主的户外220kV变电站，以配置容性无功补偿为主。

对进、出线以电缆为主的220kV变电站，可根据电缆长度配置相应的感性无功补偿装置，每一台变压器的感性无功补偿装置容量不宜大于变压器容量的20%。

对于架空、电缆混合的220kV变电站，应根据系统条件经过具体计算后确定感性和容性无功补偿配置。

在不引起高次谐波谐振、有危害的谐波放大和电压变动过大的前提下，无功补偿装置宜加大分组容量和减少分组组数。较为推荐应用的无功分组容量为：35kV并联电容器10、20Mvar；10kV并联电容器6、8、10Mvar。

35kV并联电抗器10、20Mvar；10kV并联电抗器6、10Mvar。

通用设计每台变压器低压侧无功补偿组数为2～5组。具体工程需经过调相调压计算来确定无功容量及分组的配置。

6.2.4　系统接地方式

220、110kV系统采用直接接地方式；主变压器35kV或10kV侧接地方式宜结合线路负荷性质、供电可靠性等因素，采用不接地、经消弧线圈或小电阻接地方式。

6.3　电气部分

6.3.1　电气主接线

电气主接线应根据变电站的规划容量，线路、变压器连接元件总数，设备特点等条件确定。结合"两型三新一化"要求，电气主接线应结合考虑供电可靠性、运行灵活、操作检修方便、节省投资、便于过渡或扩建等要求。对于终端变电站，当满足运行可靠性要求时，应简化接线型式，采用线变组或桥型接线。对于GIS等设备，宜简化接线型式，减少元件数量。

（1）220kV电气接线。出线回路数为4回及以上时，宜采用双母线接线；当出线和变压器等连接元件总数为10～14回时，可在一条母线上装设分段断路器，15回及以上时，可在两条母线上装设分段断路器。出线回路数在4回及以下时，可采用其他简单的主接线，如线路变压器组或桥形接线等。

实际工程中应根据出线规模、变电站在电网中的地位及负荷性质，确定电气接线，当满足运行要求时，宜选择简单接线。

（2）110kV电气接线。220kV变电站中的110kV配电装置，当出线回路数在6回以下时，宜采用单母线或单母线分段接线；6回及以上时可采用双母线；12回及以上时，也可采用双母线单分段接线，当采用GIS时可简化为单母线分段，对于重要用户的不同出线，应接至不同母线段。

（3）35（10）kV电气接线。35（10）kV配电装置宜采用单母线分段接线，并根据主变压器台数和负荷的重要性确定母线分段数量。当第三台或第四台主变压器低压侧仅接无功时，其低压侧配电装置宜采用单元制单母线接线。

3台主变压器时，可采用单母线四分段（四段母线，中间两段母线之间不设母联）接线；对于特别重要的城市变电站，3台主变压器且每台主变压器所接35（10）kV出线不少于10（12）回时宜采用单母线六分段接线。并结合地区配网供电可靠性考虑，A+供电区可采用单母线分段环形接线。

（4）主变中性点接地方式。

1）主变压器220、110kV侧中性点采用直接接地方式，并具备接地打开条件；实际工程需结合系统条件考虑是否装设主变压器直流偏磁治理装置。

2）35（10）kV 依据系统情况、出线路总长度及出线路性质确定系统采用不接地、经消弧线圈或小电阻接地方式。

6.3.2 短路电流

220kV 电压等级：短路电流控制水平 50kA，设备短路电流水平 50kA。

110kV 电压等级：短路电流控制水平 40kA，设备短路电流水平 40kA。

35kV 电压等级：短路电流控制水平 25kA，设备短路电流水平 25kA。

10kV 电压等级：短路电流控制水平 25kA，设备短路电流水平 31.5kA。

6.3.3 主要设备选择

（1）电气设备选型应从《国家电网公司标准化建设成果（通用设计、通用设备）应用目录》中选择。并且须按照最新版《国家电网公司输变电工程通用设备》要求统一技术参数、电气接口、二次接口、土建接口。

（2）主变压器采用三相三绕组（双绕组），或三相自耦变压器，冷却方式为 ONAN 或 ONAN/ ONAF。位于城镇区域的变电站宜采用低噪声变压器。当低压侧为 10kV 时，户内变电站宜采用高阻抗变压器。主变压器可通过集成于设备本体的传感器，配置相关的智能组件实现冷却装置、有载分接开关的智能控制。

（3）220kV、110（66）kV 开关设备可采用柱式 SF$_6$ 断路器、罐式 SF$_6$ 断路器或 GIS、HGIS 设备；对于高寒地区不能满足低温液化要求时，不应采用柱式 SF$_6$ 断路器。开关设备可通过集成于设备本体上的传感器，配置相关的智能组件实现智能控制，并需一体化设计，一体化安装，模块化建设。位于城市中心的变电站可采用小型化配电装置设备。

（4）35（10）kV 户内开关设备采用户内空气绝缘或 SF$_6$ 气体绝缘开关柜。并联电容器回路宜选用 SF$_6$ 断路器。

（5）互感器选择宜采用电磁式电流互感器和电容式电压互感器（柱式）或电磁式互感器（GIS），并配置合并单元。具体工程经过专题论证也可选择电子式互感器。

（6）状态监测。

1）每台主变压器配置 1 套油中溶解气体状态监测装置；变压器本体预留局放监测接口。

2）220kV 避雷器泄漏电流、放电次数传感器以避雷器为单位进行配置，每台避雷器配置 1 套传感器。

3）一次设备状态监测的传感器，其设计寿命应不少于被监测设备的使用寿命。

6.3.4 导体选择

母线载流量按最大系统穿越功率外加可能同时流过的最大下载负荷考虑，按发热条件校验。

出线回路的导体按照长期允许载流量不小于送电线路考虑。

220、110kV 导线截面应进行电晕校验及对无线电干扰校验。

主变压器高、中压侧回路导体载流量按不小于主变压器额定容量 1.05 倍计算，实际工程可根据需要考虑承担另 1 台主变压器事故或检修时转移的负荷。主变压器低压侧回路导体载流量按实际最大可能输送的负荷或无功容量考虑；220、110kV 母联导线载流量须按不小于接于母线上的最大元件的回路额定电流考虑，220、110kV 分段载流量须按系统规划要求的最大通流容量考虑。

6.3.5 避雷器设置

本通用设计按以下原则设置避雷器，实际工程避雷器设置根据雷电侵入波过电压计算确定。

（1）户外 GIS 配电装置架空进出线均装设避雷器，GIS 母线不设避雷器。

（2）户内 GIS 配电装置架空出线装设避雷器。三绕组变压器高、中压侧或双绕组变压器高、低压侧进线不设避雷器。GIS 母线一般不设避雷器。

（3）户内 GIS 配电装置全部出线间隔均采用电缆连接时，仅设置母线避雷器。电缆与 GIS 连接处不设避雷器，电缆与架空线连接处设置避雷器。

（4）三绕组变压器高、中压侧或双绕组变压器高、低压侧进线不设避雷器。

（5）GIS 配电装置架空出线时出线侧避雷器宜外置。

6.3.6 电气总平面布置

电气总平面应根据电气主接线和线路出线方向，合理布置各电压等级配电装置的位置，确保各电压等级线路出线顺畅，避免同电压等级的线路交叉，同时避免或减少不同电压等级的线路交叉。必要时，需对电气主接线做进一步调整和优化。电气总平面布置还应考虑本、远期结合，以减少扩建工程量和停电时间。

各电压等级配电装置的布置位置应合理，并因地制宜地采取必要措施，以减少变电站占地面积。配电装置应尽量不堵死扩建的可能。

结合站址地质条件，可适当调整电气总平面的布置方位，以减少土石方工程量。

电气总平面的布置应考虑机械化施工的要求,满足电气设备的安装、试验、检修起吊、运行巡视以及气体回收装置所需的空间和通道。

6.3.7 配电装置

（1）配电装置总体布局原则。

1）配电装置布局应紧凑合理,主要电气设备、装配式建（构）筑物以及预制舱式二次组合设备的布置应便于安装、扩建、运维、检修及试验工作,并且需满足消防要求。

2）配电装置可结合装配式建筑以及预制舱式二次组合设备的应用进一步合理优化,但电气设备与建（构）筑物之间电气尺寸应满足 DL/T 5352《高压配电装置设计技术规程》的要求,且布置场地不应限制主流生产厂家。

3）户外配电装置的布置应能适应预制舱式二次组合设备的下放布置,缩短一次设备与二次系统之间的距离。

4）户内配电装置布置在装配式建筑内时,应考虑其安装、试验、检修、起吊、运行巡视以及气体回收装置所需的空间和通道。

5）GIS 出线侧电压互感器单相配置时宜内置。

（2）应根据站址环境条件和地质条件选择配电装置。对于人口密度高、土地昂贵地区,或受外界条件限制、站址选择困难地区,或复杂地质条件、高差较大的地区,或高地震烈度、高海拔、高寒和严重污染等特殊环境条件地区宜采用 GIS 配电装置。位于城市中心的变电站宜采用户内 GIS 配电装置。对人口密度不高、土地资源相对丰富、站址环境条件较好地区,宜采用户外敞开式配电装置。

（3）220kV 配电装置采用户内 GIS、户外 GIS 配电装置;110kV 配电装置采用户内 GIS、户外 GIS 配电装置;35（10）kV 配电装置采用户内开关柜配电装置。各级电压等级配电装置具体布置参数及原则如下。

1）220kV 配电装置。220kV 户外配电装置布置尺寸一览表（海拔 1000m）见表 6-2。

表 6-2　　　220kV 户外配电装置布置尺寸一览表（海拔 1000m）　　　（m）

构架尺寸　　配电装置	户外 GIS
间隔宽度	13/24（单回/双回出线）

续表

构架尺寸　　配电装置	户外 GIS
出线挂点高度	14
出线相间距离	4.00/3.75（单回/双回出线）
相－构架柱中心距离	2.50/2.25（单层/双层出线）
母线相间距离	—
母线高度	—

220kV 户内 GIS 间隔宽度（本体）宜选用 2m。布置厂房高度按吊装元件考虑,最大起吊重量不大于 5t,配电装置室内净高不小于 8m。户内 GIS 配电装置架空进、出线间隔宽度按两间隔共一跨,取 24m。

2）110kV 配电装置。110kV 户外配电装置布置尺寸一览表（海拔 1000m）见表 6-3。

表 6-3　　　110kV 户外配电装置布置尺寸一览表（海拔 1000m）　　　（m）

构架尺寸　　配电装置	户外 GIS
间隔宽度	8/15（单回/双回出线）
出线挂点高度	10
出线相间距离	2.2
相－构架柱中心距离	1.8/1.6（单回/双回出线）
母线相间距离	—
母线高度	—

110kV 户内 GIS 间隔宽度宜选用 1m。厂房高度按吊装元件考虑,最大起吊重量不大于 3t,室内净高不小于 6.5m。户内 GIS 配电装置架空进、出线间隔宽度按两间隔共一跨,取 15m。

3）35（10）kV 配电装置。35kV 配电装置宜采用户内开关柜。根据布置形式（单列或双列）以及开关柜所在建筑的不同形制（独立单层建筑或多层联合建筑）,配电装置室尺寸见表 6-4。

表 6-4　　　　35（10）kV 户内开关柜配电装置布置尺寸一览表

（海拔 1000m）　　　　　　　　　　　　　　　　（m）

配电装置 构架尺寸	35kV 开关柜	10kV 开关柜
间隔宽度	1.4/1.2	1.0/0.8
柜前（单列/双列）①	≥2.4/≥3.2	≥2.0/≥2.5
柜后②	≥1.0	≥1.0
建筑净高	≥4.0	≥3.6

① 多层建筑受相关楼层约束时根据具体方案确定；

② 当柜后设高压电缆沟时，柜后空间距离按实际确定。

6.3.8　站用电

全站配置两台站用变压器，每台站用变压器容量按全站计算负荷选择；当全站只有一台主变压器时，其中一台站用变压器的电源宜从站外非本站供电线路引接。站用变压器容量根据主变压器容量和台数、配电装置形式和规模、建筑通风采暖方式等不同情况计算确定，寒冷地区需考虑户外设备或建筑室内电热负荷。通用设计较为典型的容量为 315、400、630、800kVA，实际工程需具体核算。

站用电低压系统应采用 TN-C-S，系统的中性点直接接地。系统额定电压 380/220V。站用电母线采用按工作变压器划分的单母线接线，相邻两段工作母线同时供电分列运行。

站用电源采用交直流一体化电源系统。

6.3.9　电缆

电缆选择及敷设按照 GB 50217《电力工程电缆设计规范》进行，并需符合 GB 50229《火力发电厂与变电站设计防火规范》、DL 5027《电力设备典型消防规程》有关防火要求。

高压电气设备本体与汇控柜或智控柜之间宜采用标准预制电缆联接。变电站线缆选择宜视条件采用单端或双端预制型式。变电站火灾自动报警系统的供电线路、消防联动控制线路应采用耐火铜芯电线电缆。其余线缆采用阻燃电缆，阻燃等级不低于 C 级。

宜优化线缆敷设通道设计，户外配电装置区不宜设置间隔内小支沟。在满足线缆敷设容量要求的前提下，户外配电装置场地线缆敷设主通道可采用电缆沟或地面槽盒；GIS 室内电缆通道宜采用浅槽或槽盒。高压配电装置需合理设置电缆出线间隔位置，使之尽可能与站外线路接引位置良好匹配，减少电缆迁回或交叉。同一变电站应尽量减少电缆沟宽度型号种类。结合电缆沟敷设断面设计规范要求，较为推荐的电缆沟宽度为 800、1100、1400mm 等。电缆沟内宜采用复合材料支架或镀锌钢支架。

户内变电站当高压电缆进出线较多，或集中布置的二次盘柜较多时可设置电缆夹层。电缆夹层层高需满足高压电缆转弯半径要求以及人行通道要求，支架托臂上可设置二次线缆防火槽盒或封闭式防火桥架。二次设备室位于建筑一层时，宜设置电缆沟；位于建筑二层及以上时，宜设置架空活动地板层。

当电力电缆与控制电缆或通信电缆敷设在同一电缆沟或电缆隧道内时，宜采用防火隔板或防火槽盒进行分隔。下列场所（包括：① 消防、报警、应急照明、断路器操作直流电源等重要回路。② 计算机监控、双重化继电保护、应急电源等双回路合用同一通道未相互隔离时的其中一个回路）明敷的电缆应采用防火隔板或防火槽盒进行分隔。

6.3.10　接地

主接地网采用水平接地体为主，垂直接地体为辅的复合接地网，接地网工频接地电阻设计值应满足 GB/T 50065《交流电气装置的接地设计规范》要求。

户外站主接地网宜选用热镀锌扁钢，对于土壤碱性腐蚀较严重的地区宜选用铜质接地材料。户内变电站主接地网设计考虑后期开挖困难，宜采用铜质接地材料；对于土壤酸性腐蚀较严重的地区，需经济技术比较后确定设计方案。

6.3.11　照明

变电站内设置正常工作照明和疏散应急照明。正常工作照明采用 380/220V 三相五线制，由站用电源供电。应急照明采用逆变电源供电。

户外配电装置场地宜采用节能型投光灯；户内 GIS 配电装置室采用节能型泛光灯；其他室内照明光源宜采用 LED 灯。

6.4　二次系统

6.4.1　系统继电保护及安全自动装置

6.4.1.1　线路保护

（1）220kV 每回线路按双重化配置完整的、独立的能反映各种类型故障、具有选相功能的全线速动保护。终端负荷线路也可配置一套全线速动保护。每套保护均具有完整的后备保护，宜采用独立保护装置。

220kV 电压等级的继电保护及与之相关的设备、网络等应按照双重化原则进行配置，双重化配置的继电保护应遵循以下要求：

1）两套保护的电压（电流）采样值应分别取自相互独立的合并单元。

2）两套保护的跳闸回路应与两个智能终端分别一一对应；两个智能终端应与断路器的两个跳闸线圈分别一一对应。

（2）每回 110kV 线路电源侧变电站宜配置一套线路保护装置，负荷变侧可不配置。当 110kV 电厂并网线、转供线路、环网线及无 T 接回路的电缆线路较短时，线路可配置一套纵联保护。三相一次重合闸随线路保护装置配置。

110kV 每回线路宜采用保护测控集成装置。

（3）220、110kV 线路保护直接数字量采样、GOOSE 直接跳闸。跨间隔信息（启动母差失灵功能和母差保护动作远跳功能等）采用 GOOSE 网络传输方式。

（4）220、110kV 母线电压切换由合并单元实现，每套线路电流合并单元应根据收到的两组母线的电压量及线路隔离开关的位置信息，自动采集本间隔所在母线的电压。

6.4.1.2 母线保护

（1）220kV 双母线、双母线单分段接线按远景规模配置双重化母线差动保护装置，220kV 双母线双分段接线每组双母线按远期规模配置双重化母线差动保护装置。110kV 按远期规模配置单套母线差动保护装置。

（2）220、110kV 母线保护宜直接数字量采样、GOOSE 直接跳闸。

（3）35（10）kV 一般不配置独立的母线保护，当有新能源接入，可配置一套独立的母差保护。

6.4.1.3 母联（分段、桥）保护

（1）220kV 母联（分段、桥）断路器按双重化配置专用的、具备瞬时和延时跳闸功能的过电流保护，宜采用独立保护装置。

（2）110kV 母联（分段、桥）断路器按单套配置专用的、具备瞬时和延时跳闸功能的过电流保护，宜采用保护测控集成装置。

（3）220、110kV 母联（分段、桥）保护直接数字量采样、GOOSE 直接跳闸；220kV 母联（分段、桥）保护启动母线失灵采用 GOOSE 网络传输。

6.4.1.4 故障录波

（1）全站故障录波装置宜按照电压等级和网络配置，220kV 按过程层双网配置双套录波装置；110kV 按过程层单网配置单套录波装置。

主变压器故障录波装置宜同时接入主变压器各侧录波量，实现有故障启动量时主变压器各侧同步录波。

（2）故障录波宜通过过程层网络采集相关信息。

6.4.1.5 故障测距系统

（1）为了实现线路故障的精确定位，对于大于 80km 的 220kV 长线路或路径地形复杂、巡检不便的线路，应配置专用故障测距装置；大于 50km 的 220kV 线路可配置故障测距装置。

（2）故障测距装置采用模拟量采样，数据采样频率应大于 500kHz。

6.4.1.6 安全自动装置

是否配置安全自动装置应根据接入后的系统稳定计算确定，若需配置，应遵循如下原则：

（1）220kV 安全稳定控制装置按双重化配置，应采用 GOOSE 点对点直接跳闸方式。

（2）110kV 备自投装置宜独立配置；35（10）kV 备自投装置可独立配置或由分段保护装置实现。

（3）35（10）kV 低频低压减负荷功能可由独立装置实现，也可由馈线保护测控装置实现。

6.4.1.7 保护及故障信息管理子站系统

保护及故障信息管理子站系统不配置独立装置，其功能宜由综合应用服务器实现，应实现保护及故障信息的直采直送。

6.4.2 调度自动化

6.4.2.1 调度关系及远动信息传输原则

调度管理关系宜根据电力系统概况、调度管理范围划分原则和调度自动化系统现状确定。远动信息的传输原则宜根据调度管理关系确定。

6.4.2.2 远动设备配置

远动通信设备应根据调度数据网情况进行配置，并优先采用专用装置、无硬盘型，采用专用操作系统。

6.4.2.3 远动信息采集

远动信息采取"直采直送"原则，直接从监控系统的测控单元获取远动信

息并向调度端传送。

6.4.2.4 远动信息传送

（1）远动通信设备应能实现与相关调控中心的数据通信，宜采用双平面电力调度数据网络方式的方式。网络通信采用 DL/T 634.5104—2009《远动设备及系统 第 5－104 部分:传输规约 采用标准传输协议集的 IEC 60870－5－101 网络访问》。

（2）远动信息内容应满足 DL/T 5003《电力系统调度自动化设计技术规程》、Q/GDW 679《智能变电站一体化监控系统建设技术规范》、Q/GDW 11398《变电站设备监控信息规范》和相关调度端、无人值班远方监控中心对变电站的监控要求。

6.4.2.5 电能量计量系统

（1）全站配置一套电能量远方终端。各电压等级电能表独立配置。关口计费点的电能表宜双套配置，模拟量采样，满足相关规程要求。

（2）非关口计量点宜选用支持 DL/T 860《变电站通信网络和系统》接口的数字式电能表。

6.4.2.6 调度数据网络及安全防护装置

（1）调度数据网应配置双平面调度数据网络设备，含相应的调度数据网络交换机及路由器。

（2）安全Ⅰ区设备与安全Ⅱ区设备之间通信可设置防火墙；监控系统通过正反向隔离装置向Ⅲ/Ⅳ区数据通信网关机传送数据，实现与其他主站的信息传输；监控系统与远方调度（调控）中心进行数据通信应设置纵向加密认证装置。

6.4.2.7 相量测量装置

相量测量装置宜根据地区电网系统情况配置，单套配置，宜通过网络方式采集过程层 SV 数据。

6.4.3 系统及站内通信

6.4.3.1 光纤系统通信

光纤通信电路的设计，应结合通信网现状、工程实际业务需求以及各市公司通信网规划进行。

（1）光缆类型以 OPGW 为主，光缆纤芯类型宜采用 G. 652 光纤。220kV 线路光缆纤芯数宜采用 24～48 芯。

（2）宜随新建 220kV 电力线路建设光缆，满足 220kV 变电站至相关调度

单位至少具备两条独立光缆通道的要求。

（3）220kV 变电站应按调度关系及地区通信网络规划要求建设相应的光传输系统。

（4）220kV 变电站应至少配置 2 套光传输设备，接入相应的光传输网。

（5）PCM 设备根据业务接入需要配置并满足相关业务要求。

6.4.3.2 站内通信

（1）220kV 变电站可不设置程控调度交换机。变电站调度及行政电话由调度运行单位直接放小号或采用软交换方式解决，可安装 1 路市话作为备用。

（2）220kV 变电站应根据需求配置 1 套综合数据通信网设备。综合数据通信网设备宜采用两条独立的上联链路与网络中就近的两个汇聚节点互联。

（3）220kV 变电站通信电源宜由站内一体化电源系统实现。宜配置 2 套独立的 DC/DC 转换装置，采用高频开关模块型，$N+1$ 冗余配置。

（4）220kV 变电站通信设备宜与二次设备统一布置。

（5）通信设备的环境监测功能由站内智能辅助控制系统统一考虑。

6.4.4 变电站自动化系统

6.4.4.1 监控范围及功能

变电站自动化系统设备配置和功能要求按无人值班设计，采用开放式分层分布式网络结构，通信规约统一采用 DL/T 860《变电站通信网络和系统》。监控范围及功能满足 Q/GDW 678—2011《智能变电站一体化监控系统功能规范》、Q/GDW 679—2011《智能变电站一体化监控系统建设技术规范》的要求。

监控系统主机应采用 Linux 操作系统或同等的安全操作系统。

自动化系统实现对变电站可靠、合理、完善的监视、测量、控制、断路器合闸同期等功能，并具备遥测、遥信、遥调、遥控全部的远动功能和时钟同步功能，具有与调度通信中心交换信息的能力，具体功能宜包括信号采集、"五防"闭锁、顺序控制、远端维护、顺序控制、智能告警等功能。

6.4.4.2 系统网络

（1）站控层网络。站控层网络宜采用双重化星形以太网络。站控层、间隔层设备通过两个独立的以太网控制器接入双重化站控层网络。

（2）过程层网络。220、110kV 应按电压等级配置过程层网络。220kV 过程层网络宜采用星形双网结构；110kV 过程层网络宜采用星型单网结构。

35kV 及以下电压等级不配置独立过程层网络，SV 报文可采用点对点方式传输，GOOSE 报文可利用站控层网络传输。

主变压器高、中压侧宜按照电压等级分别配置过程层网络，采用星形双网结构。主变压器低压侧不配置独立过程层网络，相关信息可接入主变压器中压侧过程层网络或采用点对点方式连接。主变压器保护、测控等装置宜采用相互独立的数据接口接入高、中压侧网络。

双重化配置的保护装置应分别接入各自过程层网络，测控装置应接入过程层双网（GOOSE），电能表、相量测量等装置应接入过程层单网。

6.4.4.3 设备配置

（1）站控层设备配置。站控层设备按远期规模配置，由以下几部分组成：

1）监控主机双套配置，操作员站、工程师工作站与监控主机合并；

2）综合应用服务器宜单套配置；

3）Ⅰ、Ⅱ区数据通信网关机宜双套配置；

4）Ⅲ/Ⅳ区数据通信网关机单套配置（可选）；

5）设置 2 台网络打印机。

（2）间隔层设备配置。间隔层包括继电保护、安全自动装置、测控装置、故障录波系统、网络记录分析系统、计量装置等设备。

1）继电保护及安全自动装置具体配置详见继电保护相关章节。

2）220kV 及主变压器宜采用独立测控装置。

3）110kV 间隔（主变压器间隔除外）宜采用保护测控集成装置，主变压器高、中低压侧及本体测控装置宜单套独立配置。

4）全站可配置 1 套网络记录分析装置，由网络记录单元、网络分析单元构成；网络记录分析装置通过网络方式接收 SV 报文和 GOOSE 报文。网络记录单元宜按照网络配置，网络记录分析范围包括全站站控层网络及过程层网络，网络报文记录装置每个百兆 SV 采样值接口接入合并单元的数量不宜超过 5 台。

5）低压侧备自投装置具体配置详见系统安全自动装置相关章节。

（3）过程层设备配置。

1）合并单元。

220kV 间隔合并单元宜双套配置。

220kV 双母线、双母单分段接线，母线按双重化配置 2 台合并单元；220kV 双母双分段接线，Ⅰ—Ⅱ 母线、Ⅲ—Ⅳ 母线按双重化各配置 2 台合并单元。

110kV 间隔合并单元宜单套配置。

110kV 母线合并单元宜双套配置。

主变压器各侧、中性点（或公共绕组）合并单元按双重化配置；线变组、扩大内桥接线主变压器高压侧合并单元按双重化配置。中性点（含间隙）合并单元宜独立配置，也可并入相应侧合并单元。公共绕组合并单元宜独立配置。

35（10）kV 及以下采用户内开关柜布置时不宜配置合并单元（主变压器间隔除外），采用户外敞开式布置时可配置单套合并单元。

同一间隔内的电流互感器和电压互感器宜合用一个合并单元。合并单元宜分散布置于配电装置场地智能控制柜内。

2）智能终端。

220kV 间隔智能终端宜双套配置。

220kV 母线智能终端宜按每段母线单套配置。

110kV 间隔智能终端宜单套配置。

110kV 母线智能终端宜按每段母线单套配置。

主变压器各侧智能终端宜双套配置，宜分散布置于配电装置场地智能控制柜内。

主变压器本体智能终端宜单套配置，集成非电量保护功能。

35（10）kV 及以下采用户内开关柜布置时不宜配置智能终端（主变压器间隔除外）；采用户外敞开式布置时宜配置单套智能终端。

220kV 宜采用合并单元、智能终端独立装置。

110kV 及以下电压等级宜采用合并单元智能终端集成装置。

3）预制式智能控制柜。预制式智能控制柜宜按间隔进行配置；对于 GIS 设备，预制式智能控制柜应与 GIS 汇控柜应一体化设计。

（4）网络通信设备。网络设备包括网络交换机、接口设备和网络连接线、电缆、光缆及网络安全设备等。

1）站控层交换机。站控层网络宜按二次设备室（舱）和按电压等级配置站控层交换机，站控层交换机电口、光口数量根据实际要求配置。

2）过程层交换机。① 220kV 宜按间隔配置过程层交换机。② 110kV 宜集中设置过程层交换机。③ 220kV 宜配置过程层中心交换机。当 220kV 采用线变组或扩大内桥接线时，可不配置过程层中心交换机。④ 每台交换机的光纤接入数量不宜超过 24 对，每个虚拟网均应预留至少 2 个备用端口。任意两台智能电子设备之间的数据传输路由不应超过 4 台交换机。

6.4.5 元件保护

6.4.5.1 220kV 主变压器保护

（1）220kV 主变压器电量保护按双重化配置，每套保护包含完整的主、后备保护功能。

（2）主变压器保护直接采样，直接跳各侧断路器；主变压器保护跳母联、分段断路器及闭锁备自投、启动失灵等可采用 GOOSE 网络传输。主变压器保护可通过 GOOSE 网络接收失灵保护跳闸命令，并实现失灵跳变压器各侧断路器。

（3）主变压器非电量保护单套配置，由本体智能终端集成，非电量保护采用就地直接电缆跳闸，信息上送过程层 GOOSE 网络。

6.4.5.2 35（10）kV 线路、站用变压器、电容器、电抗器保护

宜按间隔单套配置，采用保护测控集成装置。

6.4.6 直流系统及不间断电源

6.4.6.1 系统组成

站用交直流一体化电源系统由站用交流电源、直流电源、交流不间断电源（UPS）、逆变电源（INV，根据工程需要选用）、直流变换电源（DC/DC）及监控装置等组成。监控装置作为一体化电源系统的集中监控管理单元。

系统中各电源通信规约应相互兼容，能够实现数据、信息共享。系统的总监控装置应通过以太网通信接口采用 DL/T 860《变电站通信网络和系统》规约与变电站后台设备连接，实现对一体化电源系统的监视及远程维护管理功能。

6.4.6.2 直流电源

（1）直流系统电压。220kV 变电站操作电源额定电压采用 220V 或 110V，通信电源额定电压－48V。

（2）蓄电池型式、容量及组数。

1）直流系统应装设 2 组阀控式密封铅酸蓄电池。2 组蓄电池宜布置在不同的蓄电池室；也可布置在同一个蓄电池室，并在 2 组蓄电池间设置防爆隔断墙。

2）蓄电池容量宜按 2h 事故放电时间计算；对地理位置偏远的变电站，宜按 4h 事故放电时间计算。

3）充电装置台数及型式。直流系统采用高频开关充电装置，宜配置 2 套，单套模块数 n_1（基本）＋n_2（附加）。

（4）直流系统供电方式。直流系统采用辐射型供电方式。在负荷集中区可设置直流分屏（柜）。

35kV 及以下电压等级的保护、控制、合并单元智能终端宜采用柜顶小母线多间隔并接供电，也可由直流分电屏直接馈出。当智能控制柜内设备为单套配置时，宜配置一路公共直流电源；当智能控制柜内设备为双重化配置时，应配置两路公共直流电源。智能控制柜内各装置采用独立的空气断路器。

6.4.6.3 交流不停电电源系统

220kV 变电站宜配置 2 套交流不停电电源系统（UPS）。

6.4.6.4 直流变换电源装置

220kV 变电站宜配置 2 套直流变换电源装置，采用高频开关模块型。

6.4.6.5 总监控装置

系统应配置 1 套总监控装置，作为直流电源及不间断电源系统的集中监控管理单元，应同时监控站用交流电源、直流电源、交流不间断电源（UPS）、逆变电源（INV）和直流变换电源（DC/DC）等设备。

6.4.7 时间同步系统

（1）宜配置 1 套公用的时间同步系统，主时钟应双重化配置，另配置扩展装置实现站内所有对时设备的软、硬对时。支持北斗系统和 GPS 系统单向标准授时信号，优先采用北斗系统，时间同步精度和守时精度满足站内所有设备的对时精度要求。扩展装置的数量应根据二次设备的布置及工程规模确定。该系统宜预留与地基时钟源接口。

（2）时间同步系统对时或同步范围包括监控系统站控层设备、保护装置、测控装置、故障录波装置、故障测距、相量测量装置、合并单元及站内其他智能设备等。

（3）站控层设备宜采用 SNTP 对时方式。间隔层、过程层设备宜采用 IRIG－B 对时方式，条件具备时也可采用 IEC 61588 网络对时。

6.4.8 一次设备状态监测系统

变电设备状态监测系统宜由传感器、状态监测 IED 构成，后台系统应按变电站对象配置，全站应共用统一的后台系统，功能由综合应用服务器实现。

6.4.9 辅助控制系统

全站配置 1 套智能辅助控制系统实现图像监视及安全警卫、火灾报警、消防、照明、采暖通风、环境监测等系统的智能联动控制。

智能辅助控制系统包括智能辅助系统综合监控平台、图像监视及安全警卫子系统、火灾自动报警及消防子系统、环境监测子系统等。

（1）智能辅助控制系统不配置独立后台系统，利用综合应用服务器实现智能辅助控制系统的数据分类存储分析、智能联动功能。

（2）图像监视及安全警卫子系统的功能按满足安全防范要求配置，不考虑对设备运行状态进行监视。

220kV 变电站视频安全监视系统配置一览表见表 6-5。

表 6-5 　　　　　220kV 变电站视频安全监视系统配置一览表

序号	安装地点	安装数量
1	主变压器及低压无功补偿区	每台主变压器配置 1 台
2	220kV 设备区	根据规模配置 2～3 台
3	110kV 设备区	根据规模配置 2～3 台
4	低压站用电	配置 1 台
5	二次设备室	每室配置 2～4 台
6	低压配电室	根据规模配置 2～4 台
7	主控通信楼一楼门厅	配置 1 台低照度摄像机
8	全景（安装在主控通信楼楼顶）	配置 1 台
9	红外对射装置或电子围栏	根据变电站围墙实际情况配置

（3）220kV 变电站应设置 1 套火灾自动报警及消防子系统，火灾探测区域应按独立房（套）间划分。220kV 变电站火灾探测区域有公用二次设备室、继电器室、通信机房（如有）、直流屏（柜）室、蓄电池室、可燃介质电容器室、各级电压等级配电装置室、油浸变压器、户内电缆沟及电缆竖井等。

（4）环境监测设备包括环境数据处理单元、温度传感器、湿度传感器、SF_6 传感器、风速传感器（可选）、水浸传感器（可选）等。

6.4.10　二次设备模块化设计

6.4.10.1　二次设备模块化设计原则

（1）模块划分原则。模块设置主要按照功能及间隔对象进行划分，尽量减少模块间二次接线工作量，220kV 智能变电站二次设备主要设置以下几种模块，实际工程应根据预制舱式二次组合设备及二次设备室的具体布置开展多模块组合设置：

1）站控层设备模块：包含监控系统站控层设备、调度数据网络设备、二次系统安全防护设备等。

2）公用设备模块：包含公用测控装置、时钟同步系统、电能量计量系统、故障录波装置、网络记录分析装置、辅助控制系统等。

3）通信设备模块：包含光纤系统通信设备、站内通信设备等。

4）电源系统模块：包含站用交流电源、直流电源、交流不间断电源（UPS）、逆变电源（INV，可选）、直流变换电源（DC/DC）、蓄电池等。

5）220kV 间隔设备模块：包含 220kV 线路（母联、桥、分段）保护装置、测控装置，220kV 母线保护、电能表、220kV 公用测控装置与交换机等。

6）110kV 间隔设备模块：包含 110kV 线路（母联）保护测控集成装置、110kV 母线保护、电能表、110kV 公用测控装置与交换机等。

7）主变压器间隔设备模块：包含主变压器保护装置、主变压器测控装置、电能表等。

（2）模块化二次设备型式。模块化二次设备基本型式主要有三种：模块化的二次设备、预制舱式二次组合设备、预制式智能控制柜。

6.4.10.2　二次设备模块化设置原则

（1）220kV 户内变电站，站控层设备模块、公用设备模块、通信设备模块、主变压器间隔模块与电源系统模块布置于装配式建筑内；220、110kV 间隔层设备宜按间隔配置，分散布置于就地预制式智能控制柜内。

（2）220kV 户外变电站，按电压等级设置预制舱式二次组合设备，按间隔设置预制式智能控制柜，站控层设备模块、公用设备模块、通信设备模块与电源系统模块布置于建筑物内。当极端最低气温低于 -40℃时，可不设置预制舱式二次组合设备。

（3）预制舱式二次组合设备内部可采用屏柜结构，也可采用机架式结构。

（4）预制舱式二次组合设备应根据变电站远景建设规模、总平面布置、配电装置型式等，就近分散布置于配电装置区空余场地。

6.4.10.3　二次设备组柜原则

6.4.10.3.1　站控层设备组柜原则

站控层设备组柜安装，显示器组柜布置，组柜如下：

监控主站兼操作员站柜 1 面，包括 2 套监控主机设备。

Ⅰ区远动通信柜 1 面，包括含 Ⅰ区远动网关机（兼图形网关机）2 台、Ⅰ区站控层中心交换机 2 台，防火墙 2 台。

Ⅱ、Ⅲ/Ⅳ区远动通信柜 1 面，含Ⅱ区远动网关机 2 台、Ⅱ区站控层中心交换机 2 台、Ⅲ/Ⅳ区数据通信网关机 1 台。

调度数据网设备柜 1～2 面，包括含 2 台路由器、4 台数据网交换机、4 台纵向加密装置。

综合应用服务器柜 1 面，包括含 1 台综合应用服务器，正反向隔离装置 2 台。

6.4.10.3.2 间隔层及过程层设备组柜原则

（1）间隔层设备下放布置。保护测控、合并单元、智能终端、过程层交换机、状态监测 IED 等设备下放布置于智能控制柜。

1）220kV 线路间隔。

智能控制柜 1：保护 1+测控+智能终端 1+合并单元 1+过程层交换机 1。
智能控制柜 2：保护 2+智能终端 2+合并单元 2+过程层交换机 2+电能表。

2）220kV 母联（分段）间隔。

智能控制柜 1：保护 1+测控+智能终端 1+合并单元 1+过程层交换机 1。
智能控制柜 2：保护 2 +智能终端 2+合并单元 2+过程层交换机 2。

3）220kV 主变压器间隔。

智能控制柜：智能终端 1+合并单元 1+智能终端 2+合并单元 2。

4）220kV 母线设备间隔。

智能控制柜：母线测控+智能终端+合并单元+避雷器状态监测 IED。

5）220kV 母线保护。

保护柜 1：220kV 母线保护 1+220kV 过程层中心交换机。
保护柜 2：220kV 母线保护 2+220kV 过程层中心交换机。

6）110kV 线路间隔。

智能控制柜：110kV 线路保护测控+智能终端合并单元集成装置+电能表。

7）110kV 母联（分段）间隔。

智能控制柜：110kV 母联（分段）保护测控+智能终端合并单元集成装置。

8）110kV 主变压器间隔。

智能控制柜：智能终端合并单元集成装置 1+智能终端合并单元集成装置 2。

9）110kV 母线设备间隔。

智能控制柜：母线测控+智能终端+合并单元。

10）110kV 母线保护。

保护柜：110kV 母线保护。

11）主变压器保护。

保护柜 1：主变压器保护 1+高压侧过程层交换机 1+中压侧过程层交换机 1。
保护柜 2：主变压器保护 2+高压侧过程层交换机 2+中压侧过程层交换机 2。

12）主变压器测控。主变压器高、中、低压侧及本体各测控装置组柜 1 面。

13）主变电能表柜。每面柜不超过 9 只电能表（电能量集采装置可组于此柜或单独组柜）。

14）35（10）kV 保护测控集成装置分散就地布置于开关柜。

15）220、110kV 侧合并单元、智能终端布置于智能控制柜内。

16）110kV 侧合并单元智能终端集成装置布置于智能控制柜内。

17）低压侧智能终端合并单元集成装置就地布置于开关柜。

18）主变压器本体智能终端+主变压器本体非电量保护（可与本体智能终端整合也可独立配置）+主变压器中性点合并单元 1+主变压器中性点合并单元 2+主变压器状态监测 IED 组柜 1 面。

（2）间隔层设备集中布置。合并单元、智能终端、状态监测 IED 等设备下放布置于智能控制柜，保护测控、过程层交换机等设备集中布置于二次设备室或二次设备舱。

1）220kV 线路间隔。

保护柜：保护 1+保护 2+测控+过程层交换机 1+过程层交换机 2。

2）220kV 母联（分段）间隔。

保护柜：保护 1+保护 2+测控+过程层交换机 1+过程层交换机 2。

3）220kV 母线保护。

保护柜 1：220kV 母线保护 1+220kV 过程层中心交换机 1。
保护柜 2：220kV 母线保护 2+220kV 过程层中心交换机 2。

4）110kV 线路间隔。

保护柜：110kV 线路 1 保护测控+110kV 线路 2 保护测控。

5）110kV 母联（分段）保护。

保护柜：110kV 母联（分段）保护测控。

6）110kV 母线保护。

保护柜：110kV 母线保护。

7）主变压器保护。

保护柜 1：主变压器保护 1+高压侧过程层交换机 1+中压侧过程层交换机 1。
保护柜 2：主变压器保护 2+高压侧过程层交换机 2+中压侧过程层交换机 2。

8）主变压器测控。主变压器高、中、低压侧及本体各测控装置组柜1面。

9）电能表宜按电压等级或设备对象组柜布置，每面柜不超过9只。

10）35（10）kV保护测控集成装置分散就地布置于开关柜。

6.4.10.3.3　网络设备组柜方案

站控层交换机可与本二次设备室（舱）内的公用测控装置共同组柜。

6.4.10.3.4　其他二次系统组柜原则

（1）故障录波及网络记录分析装置。220kV故障录波装置、110kV故障录波装置、主变压器故障录波装置各组柜1面，网络记录分析装置组柜2面。

（2）时钟同步系统。二次设备室设主时钟柜1面，扩展柜根据需要配置。

（3）一次设备状态监测系统。状态监测IED布置于智能控制柜。

（4）智能辅助控制系统。智能辅助控制附件宜与综合应用服务器共同组柜1面，也可单独组屏。

（5）电能计量系统。计费关口表每6块组一面柜。电能量采集终端宜与主变压器各侧电能表共同组柜。

（6）集中接线柜。在二次设备室或预制舱式二次组合设备内宜设置集中接线柜。

（7）预留屏柜。预制舱式二次组合设备内应预留2～3面屏柜；二次设备室内可按终期规模的10%～15%预留。

6.4.10.4　柜体统一要求

根据配电装置型式选择不同型式的屏柜，断路器汇控柜宜与智能智能控制柜一体化设计。

（1）柜体要求。

1）二次设备室（舱）内柜体尺寸宜统一。靠墙布置二次设备宜采用前接线前显示设备，屏柜宜采用2260mm×800mm×600mm（高×宽×深，高度中包含60mm眉头），设备不靠墙布置采用后接线设备时，屏柜宜采用2260mm×600mm×600mm（高×宽×深，高度中包含60mm眉头），交流屏柜宜采用2260mm×800mm×600mm（高×宽×深，高度中包含60mm眉头）。站控层服务器柜可采用2260mm×600mm×900mm（高×宽×深，高度中包含60mm眉头）屏柜。

2）当二次设备舱采用机架式结构时，机架单元尺寸宜采用2260mm×700mm×600mm（高×宽×深，高度中包含60mm眉头）。

3）全站二次系统设备柜体颜色应统一。

4）预制舱式二次组合设备内二次设备宜采用前接线、前显示式装置，二次设备采用双列靠墙布置。

（2）预制式智能控制柜要求。

1）柜的结构。柜结构为柜前后开门、垂直自立、柜门内嵌式的柜式结构。

2）柜体颜色，全站智能控制柜体颜色应统一。

3）柜体要求。

a.宜采用双层不锈钢结构，内层密闭，夹层通风；当采用户外布置时，柜体的防护等级至少应达到IP54；当采用户内布置时，柜体的防护等级至少应达到IP40。

b.宜具有散热和加热除湿装置，在温、湿度传感器达到预设条件时启动。

c.预制式智能控制柜内部的环境控制措施应满足二次设备的长年正常工作温度、电磁干扰、防水防尘等要求，不影响其运行寿命。

6.4.11　互感器二次参数要求

6.4.11.1　对电流互感器的要求

采用常规电流互感器时，宜配置合并单元，合并单元宜下放布置在预制式智能控制柜内。220kV变电站电流互感器二次参数配置见表6-6。

表6-6　　　　　　　　　　电流互感器二次参数一览表

项目 \ 电压等级（kV）	220	110	35（10）
主接线	双母线（双母线双分段、双母线单分段）	双母线（双母线分段）（单母线）	单母线分段
台数	3台/间隔	3台/间隔	3（2）台/间隔
二次额定电流	1A	1A	5A或1A
准确级	主变压器进线、出线、分段、母联：5P/5P/0.2S/0.2S；	主变压器进线：5P/5P/0.2S/0.2S；出线、分段、母联：5P/0.2S；	主变压器进线：5P/0.2S/0.2S；出线、电抗器、电容器及站用变压器：5P/0.5/0.2S；分段：5P/0.5；主变压器高压侧中性点：5P/5P；主变压器中压侧中性点：5P/5P；

右上角：

左上角：

电压等级（kV） 项目	220	110	35（10）
二次绕组数量	4	主变压器：4； 出线、分段、母联：2	主变压器进线：4； 出线、电抗器、电容器及站用变压器：3； 分段：2； 主变压器高压侧中性点：2； 主变压器中压侧中性点：2
二次绕组容量	按计算结果选择	按计算结果选择	按计算结果选择

注　1. 当 35（10）kV 配置母差保护时，按需要增加电流互感器二次绕组。

　　2. 110kV 根据关口计费点设置，可增加计量二次绕组。

　　3. 电流互感器二次绕组容量参考值 10VA。

6.4.11.2 对电压互感器的要求

采用常规电压互感器配置合并单元时，合并单元宜下放布置在预制式智能控制柜内。220kV 变电站电压互感器二次参数配置见表 6-7。

表 6-7　　　　　　　　　　　电压互感器二次参数一览表

电压等级（kV） 项目	220	110	35（10）
主接线	双母线（双母线分段）	双母线（双母线分段）	单母线分段
台数	母线：三相； 线路外侧：单相；	母线：三相； 线路外侧：单相；	母线：三相；
准确级	母线： 0.2/0.5（3P）/0.5（3P）/6P； 线路外侧： 0.5（3P）/0.5（3P）；	母线： 0.2/0.5（3P）/0.5（3P）/6P； 线路外侧： 0.5（3P）；	母线： 0.2/0.5（3P）/0.5（3P）/6P；
二次绕组数量	母线：4； 线路外侧：2；	母线：4； 线路外侧：1；	母线：4；

右栏续表：

电压等级（kV） 项目	220	110	35（10）
额定变比	母线： $\frac{220}{\sqrt3}\Big/\frac{0.1}{\sqrt3}\Big/\frac{0.1}{\sqrt3}\Big/\frac{0.1}{\sqrt3}\Big/0.1\text{kV}$； 线路外侧： $\frac{220}{\sqrt3}\Big/\frac{0.1}{\sqrt3}\Big/0.1\text{kV}$；	110kV 母线： $\frac{110}{\sqrt3}\Big/\frac{0.1}{\sqrt3}\Big/\frac{0.1}{\sqrt3}\Big/\frac{0.1}{\sqrt3}\Big/0.1\text{kV}$； 线路外侧： $\frac{66}{\sqrt3}\Big/\frac{0.1}{\sqrt3}\text{kV}$；	母线： $\frac{35(10)}{\sqrt3}\Big/\frac{0.1}{\sqrt3}\Big/\frac{0.1}{\sqrt3}\Big/\frac{0.1}{\sqrt3}\Big/\frac{0.1}{3}\text{kV}$；
二次绕组容量	按计算结果选择	按计算结果选择	按计算结果选择

注　1. 220、110kV 电压互感器二次绕组容量参考值 10VA。当存在关口计费点，计量需模拟量采样时，可根据计算结果增加容量。

　　2. 35（10）kV 电压互感器二次绕组容量应根据工程规模、按计算结果选择，参考值 30～50VA。

6.4.12 光/电缆选择

6.4.12.1 光缆选择要求

（1）采样值和保护 GOOSE 等可靠性要求较高的信息传输应采用光纤。

（2）主控楼计算机房与各小室之间的网络连接应采用光缆。

（3）光缆起点、终点在同一智能控制柜内并且同属于继电保护的同一套的保护测控装置、合并单元、智能终端、过程层交换机等多个装置，可合用同一根光缆进行连接，一根光缆的芯数不宜超过 24 芯。

（4）跨房间、跨场地不同屏柜间二次装置连接宜采用室外双端预制光缆。

（5）预制舱式二次组合设备内部屏柜间光缆接线全部由集成商在工厂内完成。现场施工宜采用预制光缆实现二次光缆接线即插即用。

（6）预制舱式二次组合设备内的集中配线柜宜采用高密度免熔接光配模块。

（7）光缆选择。

1）光缆的选用根据其传输性能、使用的环境条件决定；

2）除线路纵联保护专用光纤外，其余宜采用缓变型多模光纤；

3）室外预制光缆宜采用铠装非金属加强芯阻燃光缆，当采用槽盒或穿管敷设时，宜采用非金属加强芯阻燃光缆。光缆芯数宜选用 4 芯、8 芯、12 芯、24 芯；

4）室内不同屏柜间二次装置连接宜采用尾缆或软装光缆，尾缆（软装光缆）宜采用 4 芯、8 芯、12 芯规格。柜内二次装置间连接宜采用跳线，柜内跳线宜采用单芯或多芯跳线；

5）每根光缆或尾缆应至少预留 2 芯备用芯，一般预留 20% 备用芯。

6.4.12.2　网线选择要求

二次设备室内通信联系宜采用超五类屏蔽双绞线。

6.4.12.3　电缆选择及敷设要求

（1）电缆选择及敷设的设计应符合《电力工程电缆设计规范》（GB 50217—2007）的规定。

（2）为增强抗干扰能力，机房和小室内强电和弱电线应采用不同的走线槽进行敷设。

（3）主变压器、GIS 本体与智能控制柜之间二次控制电缆宜采用预制电缆连接。电流、电压互感器与智能控制柜之间二次控制电缆不宜采用预制电缆。交直流电源电缆可视工程情况选用预制电缆。

6.4.13　二次设备的接地、防雷、抗干扰

二次设备防雷、接地和抗干扰应满足 GB/T 50065—2011《交流电气装置的接地设计规范》、DL/T 5136—2012《火力发电厂、变电站二次接线设计技术规程》和 DL/T 5149—2001《220kV～500kV 变电所计算机监控系统设计技术规程》的规定。

接地应满足以下要求：

（1）在二次设备室、敷设二次电缆的沟道、就地端子箱及保护用结合滤波器等处，使用截面不小于 100mm² 的裸铜排敷设与变电站主接地网紧密连接的等电位接地网。

（2）在二次设备室内，沿屏（柜）布置方向敷设截面积不小于 100mm² 的专用接地铜排，并首末端连接后构成室内等电位接地网。室内等电位接地网必须用至少 4 根以上、截面积不小于 50mm² 的铜排（缆）与变电站的主接地网可靠接地。

（3）沿二次电缆的沟道敷设截面积不小于 100mm² 的裸铜排（缆），构建室外的等电位接地网。开关场的就地端子箱内应设置截面积不小于 100mm² 的裸铜排，并使用截面积不小于 100mm² 的铜缆与电缆沟道内的等电位接地网连接。

预制舱式二次组合设备的接地及抗干扰还应满足以下要求：

（1）预制舱式二次组合设备应采用屏蔽措施，满足二次设备抗干扰要求。对于钢柱结构房，可采用 40mm×4mm 的扁钢焊成 2m×2m 的方格网，并连成六面体，与周边接地网相连，网格可与钢构房的钢结构统筹考虑。

（2）在预制舱式二次组合设备静电地板下层，按屏柜布置的方向敷设 100mm² 的专用铜排，将该专用铜排首末端连接，形成预制舱内二次等电位接地网。屏柜内部接地铜排采用 100mm² 的铜带（缆）与二次等电位接地网连接。舱内二次等电位接地网采用 4 根以上截面积不小于 50mm² 的铜带（缆）与舱外主地网一点连接。连接点处需设置明显的二次接地标识。

（3）预制舱式二次组合设备内暗敷接地干线，Ⅰ 型预制舱式二次组合设备宜在离活动地板 300mm 处设置 2 个临时接地端子，Ⅱ、Ⅲ 型预制舱式二次组合设备宜在离活动地板 300mm 处设置 3 个临时接地端子。舱内接地干线与舱外主地网宜采用多点连接，不少于 4 处。

6.5　土建部分

6.5.1　站址基本条件

海拔＜1000m，设计基本地震加速度 0.10g，设计风速≤30m/s，天然地基、地基承载力特征值 f_{ak}=150kPa，无地下水影响，场地同一设计标高。

6.5.2　总布置

6.5.2.1　总平面布置

变电站的总平面布置应根据生产工艺、运输、防火、防爆、保护和施工等方面的要求，按远期规模对站区的建构筑物、管线及道路进行统筹安排，工艺流畅。

6.5.2.2　站内道路

站内道路宜采用环形道路；当环道布置有困难时，可设回车场或 T 型回车道。变电站大门宜面向站内主变压器运输道路。

变电站大门及道路的设置应满足主变压器、大型装配式预制件、预制舱式二次组合设备等整体运输的要求。

站内主变压器运输道路宽度为 4.5m、转弯半径不小于 12m；消防道路宽度为 4m、转弯半径不小于 9m；检修道路宽度为 3m、转弯半径 7m。

消防道路路边至建筑物（长/短边）外墙之间距不宜小于 5m。道路外边缘距离围墙轴线为 1.5m。

站内道路宜采用公路型道路，湿陷性黄土地区、膨胀土地区宜采用城市型道路，可采用混凝土路面或其他路面。采用公路型道路时，路面宜高于场地设计标高 150mm。

6.5.2.3　场地处理

户外配电装置场地宜采用碎石。

6.5.3 装配式建筑

6.5.3.1 建筑

（1）建筑应严格按工业建筑标准设计，风格统一、造型协调、方便生产运行，并做好建筑"四节（节能、节地、节水、节材）一环保"工作。建筑材料选用因地制宜，选择节能、环保、经济、合理的材料。

1）变电站内建筑物名称和房间名称应统一。

2）户外变电站设主控通信室（楼）、配电装置室（楼）等建筑物；半户内变电站设两幢配电装置楼。各类型变电站均设置独立的警卫室。

（2）建筑物按无人值守运行设计，仅设置生产用房及辅助生产用房。

1）户外变电站生产用房设有主控通信室（包含二次设备室、蓄电池室等）、35（10）kV 配电装置室等。

2）半户内变电站生产用房设有 220kV GIS 室、110（66）kV GIS 室，35（10）kV 配电装置室、电抗器室、接地变消弧线圈室、电容器室、站用变室、二次设备室、蓄电池室、消防控制室等。

3）辅助生产用房设有安全工具间、资料室、男女卫生间、1～2 间机动用房、警卫室等。

（3）建筑物体型应紧凑、规整，在满足工艺要求和总布置的前提下，优先布置成单层建筑；外立面及色彩与周围环境相协调。对于严寒地区，建筑物屋面宜采用坡屋面。

（4）外墙板及其接缝设计应满足结构、热工、防水、防火及建筑装饰等要求，内墙板设计应满足结构、隔声及防火要求。外墙板宜采用压型钢板复合板，城市中心地区可采用铝镁锰板，寒冷地区可采用纤维水泥复合板，选择时应满足热工计算。内墙板采用防火石膏板或轻质复合墙板。

（5）外墙、内墙涂料装饰；卫生间采用瓷砖墙面，设铝板吊顶。门窗几何规整，预留洞口位置应与装配式外墙板尺寸相适应，门采用木门、钢门、铝合金门、防火门，窗采用断桥铝合金窗、塑钢窗，并采取密封、节能、防盗等措施。除卫生间外其余房间和走道均不宜设置吊顶。当采用坡屋面时宜设吊顶。

（6）屋面应采用 I 级防水屋面。

（7）建筑设计的模数应结合工艺布置要求协调，宜按 GB/T 50006《厂房建筑模数协调标准》执行，建筑物柱距一般不宜超过三种。

主控通信室（楼）柱距宜为 6～7.5m，净高 3m，跨度根据工艺布置确定。

220kV GIS 室：跨度宜采用 12.5m，净高 8m。根据结构计算结果确定层高 9.5m。

110kV GIS 室：跨度宜采用 9、10m，净高 6.5m。根据结构计算结果确定层高 8m。

35（10）kV 配电装置室：采用单列布置时，跨度宜采用 7.5m（6m）；采用双列布置时，跨度宜采用 12m（9m），采用混合布置时，跨度采用 11m。35kV 配电装置室层高 4.5m（楼上有建筑物时 5.4m），10kV 配电装置室层高 4m（楼上有建筑物时 4.8m）。

楼梯间轴线宽度宜为 3m，走廊轴线宽度宜为 2.1m。

半户内变电站电缆层高出室外地坪高度 1.5m，电缆层层高 3.8m。

6.5.3.2 结构

（1）装配式建筑物宜采用钢框架结构或轻型门式刚架结构。当单层建筑物恒载、活载均不大于 $0.7kN/m^2$，基本风压不大于 $0.7kN/m^2$ 时可采用轻型门式刚架结构。地下电缆层采用钢筋混凝土结构。

（2）钢结构梁宜采用 H 型钢，结构柱宜采用 H 型、箱型截面柱。楼面板采用压型钢板为底模的现浇钢筋混凝土板，屋面板采用钢筋桁架楼承板，轻型门式刚架结构屋面板采用压型钢板复合板。

（3）钢结构的防腐可采用镀层防腐和涂层防腐。

（4）地下室基础采用梁式筏板基础。

（5）丙类钢结构多层厂房的耐火等级为一级、二级，丁、戊类单层钢结构厂房耐火等级为二级。

厂房耐火等级为一级时，钢柱的耐火极限为 3h，钢梁的耐火极限为 2h；如厂房为单层布置，钢柱的耐火极限为 2.5h。厂房耐火等级为二级时，钢柱耐火极限为 2.5h，钢梁的耐火极限为 1.5h；如厂房为单层布置，钢柱的耐火极限为 2.0h。

钢结构构件应根据耐火等级确定耐火极限，选择厚、薄型的防火涂料。耐火等级为一级的丙类钢结构厂房柱可外包防火板。

6.5.4 装配式构筑物

6.5.4.1 围墙及大门

围墙宜采用大砌块实体围墙，当经济性较好时可采用装配式围墙，围墙高度不低于 2.3m。城市规划有特殊要求的变电站可采用通透式围墙。

围墙饰面采用水泥砂浆或干粘石抹面，围墙顶部宜设置预制压顶。大砌块推荐尺寸为 600mm（长）×300mm（宽）×300mm（高）或 600mm（长）×200mm（宽）×300mm（高）。围墙中及转角处设置构造柱，构造柱间距不宜大于 3m，采用标准钢模浇制。

站区大门宜采用电动实体推拉门。

6.5.4.2　防火墙

防火墙宜采用框架+大砌块、框架+墙板、组合钢模混凝土防火墙等装配型式，耐火极限≥3h。

根据主变构架柱根开和防火墙长度设置钢筋混凝土现浇柱，采用标准钢模浇制混凝土；框架+大砌块防火墙墙体材料采用清水砌体或水泥砂浆抹面；框架+墙板防火墙墙体材料采用 150mm 厚清水混凝土预制板或 150mm 厚蒸压轻质加气混凝土板。

6.5.4.3　电缆沟

（1）配电装置区不设电缆支沟，可采用电缆埋管、电缆排管或成品地面槽盒系统。除电缆出线外，电缆沟宽度宜采用 800、1100、1400mm。

（2）主电缆沟宜采用砌体或现浇混凝土沟体，当造价不超过现浇混凝土时，也可采用预制装配式电缆沟。砌体沟体顶部宜设置预制压顶。沟深≤1000mm 时，沟体宜采用砌体；沟深＞1000mm 或离路边距离＜1000mm 时，沟体宜采用现浇混凝土。在湿陷性黄土及寒冷地区，不宜采用砖砌体电缆沟。电缆沟沟壁应高出场地地坪 100mm。

（3）电缆沟采用成品盖板，材料为包角钢混凝土盖板或有机复合盖板。风沙地区盖板应采用带槽口盖板。

6.5.4.4　构支架

（1）构、支架统一采用钢结构，钢结构连接方式宜采用螺栓连接。

（2）户外 GIS 变电站宜采用两回一跨构架，220kV 构架跨度宜为 24m、110kV 构架跨度宜为 15m。构架柱采用钢管 A 型柱，构架梁采用格构式钢梁。构架柱与基础采用地脚螺栓连接。

（3）设备支架柱采用圆形钢管结构或型钢，支架横梁采用钢管或型钢横梁，支架柱与基础采用地脚螺栓连接。

（4）独立避雷针及构架上避雷针采用钢管结构。对严寒大风地区，避雷针钢材应具有常温冲击韧性的合格保证。

（5）钢构支架防腐均采用热镀锌或冷喷锌防腐。

6.5.5　暖通、水工、消防、降噪

6.5.5.1　暖通

建筑物内生产用房应根据工艺设备对环境温度的要求采用分体空调或多联空调，寒冷地区可采用电辐射加热器。警卫室等设置分体空调。

主变压器室、电抗器室等运行噪声大的电气设备间通风应兼顾环保降噪需要。配电装置室应根据规范要求设置事故后通风风机。

采暖通风系统与消防报警系统应能联动闭锁，同时具备自动启停、现场控制和远方控制的功能。

潮湿度较大的区域，配电装置室可增设除湿设备。

6.5.5.2　水工

水源宜采用自来水水源或打井供水，污水排入市政污水管网或排入化粪池定期清理，不设污水处理装置。站区雨水采用散排或集中排放。主变压器设有油水分离式总事故油池，油池有效容积按最大主变压器油量的 100%考虑。排水设施在经济合理时，可采用预制式成品。

6.5.5.3　消防

站内设置火灾自动探测报警系统，报警信号上传至地区监控中心及相关单位。

建筑物按建筑体积、火灾危险性分类及耐火等级确定是否设置消防给水及消火栓系统。主变压器宜采用泡沫喷淋灭火系统；建筑物室内外及配电装置区采用移动式化学灭火器。电缆从室外进入室内的入口处，应采取防止电缆火灾蔓延的阻燃及分隔的措施。

6.5.5.4　降噪要求

变电站噪声须满足 GB 12348《工业企业厂界环境噪声排放标准》及 GB 3096《声环境质量标准》要求。

6.6　机械化施工

6.6.1　变电站所用混凝土优先选用商品泵送混凝土，车辆运输至现场，并利用泵车输送到浇筑工位，直接入模。

6.6.2　构架基础、主变压器防火墙等采用定型钢模板，模板拼装采用螺栓连接。

6.6.3　构架、建筑房屋钢结构、围护板墙结构系统、屋面板系统，均采用工厂化加工，运输至现场后采用机械吊装组装。

6.6.4　构架、建筑结构钢柱等柱脚采用地脚螺栓连接，柱底与基础之间的二次浇注混凝土采用专用灌浆工具进行作业。

7.1　概述

220kV 智能变电站模块化建设施工图设计技术原则依据国家和电力行业相关设计技术规定，总结了 220kV 智能变电站模块化施工图设计经验，同时结合国家电网公司通用设计、通用设备、标准工艺及"两型三新一化"相关要求进行编制。

220kV 智能变电站模块化建设通用设计施工图各市实施方案系在遵循《国家电网公司输变电工程通用设计　220kV 变电站模块化建设》21 个方案的基础上，并结合各市电网建设实际情况编制完成。

7.2　电气部分

7.2.1　电气主接线图

电气主接线根据初步设计所确定的接线形式开展施工图设计。

（1）220kV 电气接线。出线回路数为 4～9 回及以上时，宜采用双母线接线；当出线和变压器等连接元件总数为 10～14 回时，可在一条母线上装设分段断路器，15 回及以上时，可在两条母线上装设分段断路器。出线回路数在 4 回及以下时，可采用其他简单的主接线，如线路变压器组或桥形接线等。

实际工程中应根据出线规模、变电站在电网中的地位及负荷性质，确定电气接线，当满足运行要求时，宜选择简单接钱。

若采用 GIS 设备，远期接线为双母线分段接线时，当本期元件总数为 6～9 回时，可提前装设分段断路器；当远期接线为双母线双分段时，建设过程中尽量避免采用双母线单分段接线。

（2）110kV 电气接线。220kV 变电站中的 110kV 配电装置，当出线回路数在 6 回以下时，宜采用单母线或单母线分段接线；6 回及以上时可采用双母线；12 回及以上时，也可采用双母线单分段接线，当采用 GIS 时可简化为单母线分段，对于重要用户的不同出线，应接至不同母线段。

具体工程 110kV 出线是否配单相电压互感器根据需求确定。

（3）35（10）kV 电气接线。35（10）kV 配电装置宜采用单母线分段接线，并根据主变压器台数和负荷的重要性确定母线分段数量。当第三台或第四台主变压器低压侧仅接无功时，其低压侧配电装置宜采用单元制单母线接线。

3 台主变压器时，也可采用单母线四分段（四段母线，中间两段母线之间不设母联）接线；对于特别重要的城市变电站，3 台主变压器且每台主变压器所接 35kV（10kV）出线不少于 10（12）回时宜采用单母线六分段接线。并结合地区配网供电可靠性考虑，A+供电区可采用单母线分段环形接线。

（4）主变压器中性点接地方式。主变压器 220kV、110kV 侧中性点采用直接接地方式；实际工程需结合系统条件考虑是否装设主变压器直流偏磁治理装置。

35（10）kV 依据系统情况、出线线路总长度及出线线路性质确定系统采用不接地、经消弧线圈或小电阻接地方式。

7.2.2　电气总平面

变电站总平面布置应满足总体规划要求，并应遵循通用设计及"两型三新一化"变电站设计要求，使站内工艺布置合理，功能分区明确，交通便利，配电装置引线流畅，及其他相关专业配合协调，以最少土地资源达到变电站建设要求。

出线方向应适应各电压等级线路走廊要求，尽量减少线路交叉和迂回。变电站大门设置应尽量方便主变压器运输。

变电站大门及道路的设置应满足主变压器、大型装配式预制件、预制舱式二次组合设备等的整体运输要求；户外变电站宜采用预制舱式二次组合设备，宜利用配电装置附近空余场地布置预制舱式二次组合设备，优化二次设备室面积和变电站总平面布置；户内变电站宜采用智能控制柜，布置于装配式建筑内。

站内电缆沟、管布置在满足安全及使用要求下，应力求最短线路、最少转弯，可适当集中布置，减少交叉。电缆沟宽度宜采用 800、1100mm 或 1400mm 等规格。

在兼顾出线规划顺畅、工艺布置合理的前提下，变电站应结合自然地形布置，尽量减少土（石）方量。当站区地形高差较大时，可采用台阶式布置。

7.2.3 配电装置

配电装置型式的选择，应根据设备选型及进出线方式，结合工程实际情况，因地制宜，并与变电站总体布置协调，通过技术经济比较确定。在技术经济合理时，应优先采用占地少的配电装置型式。

配电装置布局紧凑合理，主要电气设备及建构筑物的布置应便于安装、消防、扩建、运维、检修及试验工作，尽量减小由此产生的停电影响。

配电装置可结合总平面布置进一步合理优化，确保在任一工况下配电装置内部电气设施之间及其与建（构）筑物之间距离符合 DL/T 5352《高压配电装置设计规范》的要求。

220kV 模块化变电站中 220、110kV 配电装置主要考虑采用户外 GIS 组合电器、户内 GIS 组合电器等。10kV 及 35kV 配电装置均采用户内交流金属封闭开关柜。

7.2.3.1 户外配电装置

（1）总体要求。户外配电装置的布置，导体、电气设备、架构的选择，应满足在当地环境条件下正常运行、安装检修、短路和过电压时的安全要求，并满足规划容量要求。

220kV 户外配电装置应设置设备搬运以及检修通道和必要的巡视小道。

配电装置各回路的相序排列宜一致。一般按面对出线，从左到右、从远到近、从上到下的顺序，相序为 A，B，C。对户内硬导体及户外母线桥裸导体应有相色标志，A，B，C 相色标志应为黄、绿、红三色。对于扩建工程应与原有配电装置相序一致。

配电装置内的母线排列顺序，一般靠变压器侧布置的母线为 I 母，靠线路侧布置的母线为 II 母；双层布置的配电装置中，下层布置的母线为 I 母，上层布置的母线为 II 母。

（2）跨线设计。220、110kV 各跨导线以上人状况为最大荷载条件。跨线耐张绝缘子串仅限于根部可以三相同时上人，三相上人总重（人及工具）不超过 1000N/相；跨线中部有引下线处仅可以单相上人，单相上人总重（人及工具）不超过 1500N/相。主变压器进线挡不考虑三相同时上人。

各跨导线在安装紧线时应采用上滑轮牵引方案，牵引线与地面的夹角不大于 45°，并严格控制放线速度，以满足构架的荷载条件。安装紧线时梁上上人荷载不应超过 2000N。

主变压器架构的设计仅考虑 220、110kV 主变压器进线档导线的荷载，不考虑主变压器上节油箱的起吊重量，主变压器检修需起吊上节油箱时，必须采用吊车进行。

跨线弧垂应根据跨线电压等级、导线型号、跨距长度、电气距离校验及构架受力要求等多方面因素确定。

（3）出线构架设计。当户外配电装置采用架空出线时，其出线构架应满足线路张力要求及进线档允许偏角要求。如果出线零档线采用同塔双回路，则终端塔宜设在两出线间隔的垂直平分线上。

各级电压配电装置出线挂环常规控制水平张力为 220kV 导线 10kN/相、地线 5kN/根；110kV 导线 5kN/相、地线 3kN/根。实际工程中出线梁受力要求应根据线路资料进行复核。

（4）专业配合要求。户外配电装置设计需要向土建专业提供以下资料：

1）平面布置资料：其中包括构、支架的定位，道路围墙等的布置等。

2）设备支架资料：需包含设备支架制作详图、设备荷重、埋管要求等。

3）构架资料：构架资料需包括构架受力、导线挂线角度要求、爬梯设置要求等。构架受力计算应按单相上人、三相上人、最大风速、最低温度、最高温度等不同工况下的计算结果分别给出。爬梯设置需满足检修需要和安全距离要求，必要时可设置护笼。

（5）配电装置尺寸。以下为根据通用设计边界条件推荐的配电装置标准尺寸。当具体工程处于高海拔等特殊环境条件时需进行修正。当具体工程处于复杂地形环境地区时，还需对出线架构高度进行校核。

220kV 和 110kV 户外 GIS 配电装置尺寸见表 7-1 和表 7-2。

表 7-1　　　　　　220kV 户外 GIS 配电装置尺寸　　　　　　　（m）

项　目	控制距离
间隔宽度	12/13（单层/双层出线）
出线挂点高度	14
设备相间距离	3.5
跨线相间距离	3.75

项　目	控制距离
间隔宽度	8/15（单层/双层出线）
出线挂点高度	10
设备相间距离	2.0
跨线相间距离	2.2

7.2.3.2　户内配电装置

（1）总体要求。与 GIS 配电装置连接并需单独检修的电气设备、母线和出线，均应配置接地开关。一般情况下，出线回路的线路侧接地开关和母线接地开关应采用具有关合动稳定电流能力的快速接地开关。

GIS 配电装置宜采用多点接地方式，当选用分相设备时，应设置外壳三相短接线，并在短接线上引出接地线通过接地母线接地。

GIS 配电装置每间隔应分为若干个隔室，隔室的分隔应满足正常运行，检修和扩建的要求。

（2）布置原则。GIS 配电装置布置的设计，应考虑其安装、检修、起吊、运行、巡视以及气体回收装置所需的空间和通道。起吊设备容量应能满足起吊最大检修单元要求。

配电装置采用单列布置，避免双列布置，以满足室内 GIS 运输及安装的空间要求。

同一间隔 GIS 配电装置的布置应避免跨土建结构缝。

GIS 配电装置室内应清洁、防尘，GIS 配电装置室内地面宜采用耐磨、防滑、高硬度地面，并应满足 GIS 配电装置设备对基础不均匀沉降的要求。

对于全电缆进出线的 GIS 配电装置，应留有满足现场耐压试验电气距离的空间。

（3）专业配合要求。户内 GIS 组合电器土建资料应包括 GIS 的基础埋件、各埋件点的荷重；户内 GIS 最大吊装单元尺寸，设备运输通道设置要求，接地件位置及做法等。

户内 GIS 室搬运通道大门门框高度要求不宜小于以下值：220kV GIS 4000mm（宽）×4500mm（高）、110kV GIS 3200mm（宽）×4000mm（高）。

（4）配电装置尺寸。以下为根据通用设计边界条件推荐的配电装置标准尺寸（具体工程需根据站址条件进行修正，见表 7-3 和表 7-4）。

220kV 户内 GIS 间隔宽度宜选用 2m。厂房高度按吊装元件考虑，最大起吊重量不大于 5t，配电装置室内净高不小于 8m。配电装置室纵向宽度净宽不小于 11.7m。户内 GIS 配电装置架空进、出线间隔宽度按两间隔共一跨，取 24m。

110kV 户内 GIS 间隔宽度宜选用 1m。厂房高度按吊装元件考虑，最大起吊重量不大于 3t，室内净高不小于 6.5m。配电装置室纵向宽度净宽不小于 9.0m。户内 GIS 配电装置架空进、出线间隔宽度按两间隔共一跨，取 15m。

项　目	控制距离
间隔宽度	2.0
室内净高	7.0
室内纵向净宽	11.7

项　目	控制距离
间隔宽度	1.0
室内净高	6.5
室内纵向净宽	9.0

7.2.3.3　10～35kV 户内交流金属封闭开关柜

（1）户内开关柜室内各种通道的最小宽度（净距），不宜小于表 7-5 所列数值。

布置方式	通道分类		
	维护通道	操作通道	
		固定式	移开式
设备单列布置时	800	1500	单车长+1200
设备双列布置时	1000	2000	双车长+900

此外，当连续布置开关柜较长时，在不同母线段之间应设置维护通道。

（2）配电装置尺寸。以下为根据通用设计边界条件推荐的配电装置标准尺寸（具体工程需根据站址条件进行修正，见表 7-6 和表 7-7）。

表 7-6　　　　35kV 户内交流金属封闭开关柜配电装置尺寸　　　　（m）

项　目	控制距离
间隔宽度	1.4
室内净高	4.5
室内纵向净宽（单列/双列）	7.0/12.0

表 7-7　　　　10kV 户内交流金属封闭开关柜配电装置尺寸　　　　（m）

项　目	控制距离
间隔宽度	0.8（1.0）
室内净高	3.8
室内纵向净宽（单列/双列）	5.5/9.0

35kV 配电装置宜采用户内开关柜。单层建筑室内单列布置时，柜前净距不小于 2.4m。单层建筑室内双列布置时，柜前净距不小于 3.2m。开关柜柜后净距不小于 1m。当柜后设高压电缆沟时，沟宽（净距）按不小于 1.2m 考虑。多层建筑受相关楼层约束时根据具体方案确定。

10kV 配电装置宜采用户内开关柜。单层建筑室内单列布置时，柜前净距不小于 2.0m。单层建筑室内双列布置时，柜前净距不小于 2.5m。开关柜柜后净距不小于 1m。当柜后设高压电缆沟时，沟宽（净距）按不小于 1.2m 考虑。多层建筑受相关楼层约束时根据具体方案确定。

35（10）kV 户内配电装置室搬运通道大门门框高度要求不宜小于以下值：35kV 2400mm（宽）×3200mm（高）、10kV 2400mm×高 2800mm。

7.2.3.4　主变压器的布置

（1）户外油浸变压器。油量为 2500kg 及以上的户外油浸变压器之间的最小间距应符合表 7-8 的规定。

表 7-8　　　　户外油浸变压器之间的最小间距　　　　（m）

电压等级（kV）	最小间距
110	8
220	10

（2）户内油浸变压器。户内油浸变压器有散热器挂本体及散热器与本体分离两种布置方式，布置图可参照通用设备变压器部分内容。

户内油浸变压器外廓与变压器室四壁的净距不应小于表 7-9 所列数值。

表 7-9　　　　户内油浸变压器外廓与变压器室四壁的最小净距　　　　（mm）

变压器容量	1000kVA 及以下	1250kVA 及以上
变压器与后壁侧壁之间	600	800
变压器与门之间	800	1000

（3）干式站用变压器。设置于室内的无外壳干式变压器，其外廓与四周墙壁的净距不应小于 600mm。干式变压器之间的距离不应小于 1000mm，并应满足巡视维修的要求。对全封闭型干式变压器可不受上述距离的限制。但应满足巡视维护的要求。

7.2.4　设备安装

变电站电气设备的安装应根据标准工艺库的要求，设计工艺标准化与安装效果感观度相结合，结合工程总体实际安装情况，通过技术经济比较确定合适的设备安装工艺。典型设备安装主要分为变压器安装、组合电器安装、AIS 设备安装、电容器电抗器安装、母线安装、开关柜安装等。

7.2.4.1　总体原则

（1）设备安装时，应满足安装地点的自然环境条件。

（2）工艺布置设计应考虑土建施工误差，确保电气安全距离的要求留有适当裕度。

（3）充油电气设备的布置，应满足带电观察油位、油温时安全、方便的要求，并应便于抽取油样。

（4）除支持绝缘子外，其余电气一次设备均应通过两点与主接地网相连接。

7.2.4.2　变压器安装

（1）户内主变压器安装。

1）总油量超过 100kg 的户内油浸电力变压器，应安装在单独的变压器间内。变压器外廓与变压器室四周墙壁净距不宜小于 800mm。

2）在户内配电装置楼板下的适当位置设置吊环，并在楼板引线孔或安装孔的两侧留出挑耳，作为搁置起吊轻型设备的横梁用。

（2）户外主变压器安装。

1）户外单台电气设备的油量在 1000kg 以上时，应设置贮油或挡油设施。

2）防火间距不能满足最小净距要求时，应设置防火墙。

3）在防火要求较高的场所，有条件时宜选用非油绝缘的电气设备。

（3）主变压器各侧连接线的选择。主变压器高中压侧引线一般采用软导线连接；低压侧一般采用硬母线连接，与主变压器连接时应设置伸缩金具，金具的选择应与变压器套管的接线端子和硬母线相配合。

（4）接地。

1）变压器铁芯、夹件的接地引下线应与油箱绝缘，从装在油箱上的套管引出后一并在油箱下部与油箱连接接地，接地处应有明显的接地符号或"接地"字样。

2）主变压器中性点直接接地时，应采用两根接地引下线引至主地网的不同方向，接地引线与设备本体采用镀锌螺栓搭接。

（5）主变压器基础的固定方案。当主变压器基础采用条形基础时，土建基础梁的表面预埋钢板，变压器底座宜采用点焊方式固定在基础的预埋钢板上。

（6）走线槽的设置。

1）主变压器本体上的端子箱、机构箱引出的电缆应采用不锈钢槽盒保护，槽盒大小应与箱底开孔尺寸一致，高度为箱底至基础，与端子箱、机构箱的连接采用螺栓。

2）当主变压器户外布置时，端子箱、机构箱引出的电缆采用热镀锌钢管保护，以方便穿越卵石层至电缆沟。

（7）站用变压器安装。

1）油浸式站用变压器的储油柜上的油位计朝向应便于观察。

2）站用变压器高、低压套管引出线采用硬母线连接时统一加装热缩套。

3）户外布置的变压器低压侧母线穿墙若采用环氧树脂绝缘板封堵则需在其上方设置雨篷，以防漏水并损坏绝缘。

7.2.4.3　组合电器安装

GIS 底座建议采用焊接固定在水平预埋钢板的基础上，也可采用地脚螺栓或化学锚栓方式固定。

对于 GIS 出线套管支架，其高度应能保证套管最低部位距离地面不小于2500mm。

在 GIS 配电装置间隔内，应设置一条贯穿所有 GIS 间隔的接地母线或环形接地母线。将 GIS 配电装置的接地线引至接地母线，由接地母线再与接地网连接；接地点的接触面和接地连线的截面积应能安全地通过故障接地电流；接地引线与设备本体采用螺栓搭接。

智能控制柜的基础宜采用螺栓固定于基础槽钢上，不宜采用点焊。箱柜底座与主接地网连接牢靠，可开启门应采用软铜绞线可靠接地。

7.2.4.4　AIS 设备的安装

（1）避雷器安装。

1）采用高位布置时，安装在支架上，用螺栓与支架固定。泄漏电流监测仪安装处宜设置接地端子，便于表计接地；避雷器支架下部设两接地端子，采用接地线分别连接至地网不同的网格线上。

2）避雷器压力释放口方向应合理；监测仪安装高度可按工程实际情况确定。

（2）隔离开关及接地开关的安装。隔离开关及接地开关的设备支架采用地脚螺栓固定，地脚螺栓一次浇注在土建基础上。每个支架应分别设有上下两组接地件，下接地件应设置两个。

（3）穿墙套管安装。穿墙套管垂直安装时，法兰应向上，水平安装时，法兰应在外；穿墙套管安装板应割磁处理或采用非导磁材料。1500A 及以上的穿墙套管安装板宜采用非导磁材料制作。穿墙套管端部的金属夹板（紧固件除外）应采用非磁性材料。

7.2.4.5　电容器、电抗器安装

（1）电容器安装。

1）电容器外壳应与固定电位连接牢固可靠（螺栓压接）。

2）网门应装设行程开关，并需装设电磁锁或机械编码锁。对于活动式网门上的电缆应采用多股软铜线电缆。

3）围栏内应铺设碎石（设备基础以外），围栏基础作出挡油坎，围栏应采用非金属合成材料。

4）空芯串联电抗器之间及其与周围钢构件之间净距要等于或大于制造厂要求的数值。钢构件不应构成闭合回路。

（2）电抗器安装。

1）35kV 单相干式空心并联电抗器为户外安装。一般采用户外水平"一"字形或"品"字形布置，带防雨帽。采用玻璃钢支柱支撑安装。

2）电抗器周围及上下有影响区域内不得有封闭金属环，水泥基础内不得有封闭钢筋。电抗器接地线不应成封闭环形。安装在干式空芯电抗器防磁范围内的支柱绝缘子，其产品应为非磁性绝缘子。

3）35kV 单相干式空心并联电抗器和 35kV 三相油浸式并联电抗器底部安

装钢板均采用焊接方式与基础预埋件连接。

7.2.4.6　母线安装

（1）软导线安装。

1）双分裂导线的间距可取 100～200mm。载流量较小的回路，如电压互感器、耦合电容器等回路，可采用较小截面的导线。

2）在确定分裂导线间隔棒的间距时，应考虑短路动态拉力的大小、时间对构架和电器接线端子的影响，避开动态拉力最大值的临界点。对架空导线间隔棒的间距可取较大的数值，对设备间的连接导线，间距可取较小的数值。

3）在空气中含盐量较大的沿海地区或周围气体对铝有明显腐蚀的场所，宜选用防腐型铝绞线或铜绞线。

（2）硬导体安装。

1）硬导体除满足工作电流、机械强度和电晕等要求外，导体形状还应满足：电流分布均匀；机械强度高；散热良好；有利于提高电晕起始电压；安装检修简单，连接方便。

2）为消除管形导体的端部效应，可适当延长导体端部或在端部加装屏蔽电极。

3）硬导体和电器连接处，应装设伸缩接头或采取防振措施。

7.2.4.7　开关柜的安装

（1）在配电装置室内应预埋基础槽钢，基础槽钢与变电站地网可靠连接。

（2）开关柜的底部框架应放置在基础槽钢上，可用地脚螺钉将其与基础槽钢相连或用电焊与基础槽钢焊牢。

（3）接地母线须为扁铜排，所有需要接地的设备和回路须接于此排。

7.2.5　交流站用电系统

站用电源采用交直流一体化电源系统。

全站配置两台站用变压器，每台站用变压器容量按全站计算负荷选择；当全站只有一台主变压器时，其中一台站用变压器的电源宜从站外非本站供电线路引接。站用变压器容量根据主变压器容量和台数、配电装置形式和规模、建筑通风采暖方式等不同情况计算确定，寒冷地区需考虑户外设备或建筑室内电热负荷。

站用电低压系统应采用 TN-C-S，系统的中性点直接接地。系统额定电压 380 / 220V。站用电母线采用按工作变压器划分的单母线接线，相邻两段工作母线同时供电分列运行。两段工作母线间不应装设自动投入装置。

油浸变压器应安装在单独的小间内，变压器的高、低压套管侧或者变压器靠维护门的一侧宜加设网状遮栏。变压器储油柜宜布置在维护入口侧。

检修电源的供电半径不宜大于 50m。主变压器附近电源箱的回路及容量宜满足滤注油的需要。

7.2.6　防雷接地

7.2.6.1　站内防雷

220kV 变电站防雷设计需满足《交流电气装置的过电压保护和绝缘配合设计规范》（GB/T 50064）、《建筑物防雷设计规范》（GB/T 50057）等文件要求。220kV 变电站采用避雷针（避雷线）、屋顶避雷带联合构成全站防雷保护。

当 220、110kV 配电装置采用户外配电装置时，站区内需设置避雷针作为防直击雷保护措施。

独立避雷针（含悬挂独立避雷线的架构）的接地电阻在土壤电阻率不大于 $500\Omega \cdot m$ 的地区不应大于 10Ω。

独立避雷针（线）宜设独立的接地装置。独立避雷针与配电装置带电部分、变电站电气设备接地部分、架构接地部分之间的空气中距离 S_a，以及独立避雷针的接地装置与发电厂或变电站接地网间的地中距离 S_e，应符合规范要求，并且 S_a 不宜小于 5m，S_e 不宜小于 3m。

装有避雷针和避雷线的架构上的照明灯电源线，均必须采用直接埋入地下的带金属外皮的电缆或穿入金属管的导线。电缆外皮或金属管埋地长度在 10m 以上，才允许与 35kV 及以下配电装置的接地网及低压配电装置相连接。

当采用全户内布置，所有电气设备均布置在户内，只需在建筑顶部设置的避雷带对全站进行防直击雷保护。该避雷带的网络为 8～10m，每隔不大于 18m 设引下线接地。上述接地引下线应与主接地网连接，并在连接处加装集中接地装置。其地下连接点至变压器及其他设备接地线与主接地网的地下连接点之间，沿接地体的长度不得小于 15m。

7.2.6.2　站内接地

主接地网采用水平接地体为主，垂直接地体为辅的复合接地网，接地网工频接地电阻设计值应满足 GB/T 50065—2011《交流电气装置的接地设计规范》要求。

户外站主接地网宜选用热镀锌扁钢，对于土壤碱性腐蚀较严重的地区宜选用铜质接地材料。户内变电站主接地网设计考虑后期开挖困难，宜采用铜质接地材料；对于土壤酸性腐蚀较严重的地区，需经济技术比较后确定设计方案。

有效接地和低电阻接地系统中发电厂、变电站电气装置保护接地的接地电阻一般情况下应符合 $R \leqslant \dfrac{2000}{I}$，其中 R 为考虑到季节变化的最大接地电阻，I 为计算用的流经接地装置的入地短路电流。当接地装置的接地电阻不符合上述要求时，可通过技术比较增大接地电阻，但不得大于 5Ω。

不接地、消弧线圈接地和高电阻接地系统中发电厂、变电站电气装置保护接地的接地电阻应符合 $R \leqslant \dfrac{120}{I}$，但不应大于 4Ω。

在有效接地系统及低电阻接地系统中，变电站电气装置中电气设备接地线的截面应按接地短路电流进行热稳定校验。钢接地线的短时温度不应超过 400℃，铜接地线不应超为 450℃。校验不接地、消弧线圈接地和高电阻接地系统中电气设备接地线的热稳定时，敷设在地上的接地线长时间温度不应大于 150℃，敷设在地下的接地线长时间温度不应大于 100℃。

根据热稳定条件，未考虑腐蚀时，接地线的最小截面应符合下式要求

$$S_g \geqslant \frac{I_g}{C_g} \times \sqrt{t_e}$$

式中　S_g——接地线的最小截面；
　　　I_g——流过接地线的短路电流稳定值；
　　　t_e——短路的等效持续时间；
　　　C_g——接地线材料的热稳定系数。

关于 t_e 值，当继电保护装置配置有两套速动主保护、近接地后备保护、断路器失灵保护和自动重合闸时，t_e 应按下式取值

$$t_e \geqslant t_m + t_f + t_0$$

式中　t_m——主保护动作时间，s；
　　　t_f——断路器失灵保护动作时间，s；
　　　t_0——断口器开断时间，s。

当继电保护装置配有一套速动主保护，近或远（或远近结合的）后备保护和自动重合闸，t_e 应按下式取值

$$t_e \geqslant t_0 + t_r$$

式中　t_r——第一级后备保护的动作时间，s。

7.2.7　照明

变电站内设置正常工作照明和应急照明。正常工作照明采用 380/220V 三相五线制，由站用电源供电。应急照明采用逆变电源供电。

户外配电装置场地宜采用节能型投光灯；户内 GIS 配电装置室采用节能型泛光灯；其他室内照明光源宜采用 LED 灯。

变电站的照明种类可分为正常照明、应急照明。应急照明包括备用照明、安全照明和疏散照明。

户外配电装置考虑设置正常照明，不设应急照明。场区道路照明根据实际需要设置。

主控通信楼户内配电装置和其他房间除设置正常照明外，根据需要设置备用照明，且应考虑设置必要的疏散照明。

变电站宜装设应急照明的工作场所可参照表 7-10。

表 7-10　　　　　　　变电站宜装设应急照明的工作场所

工作场所	备用照明	疏散照明
控制室、继电器室及电子设备间	√	
通信机房	√	
户内配电装置	√	
站用电室	√	
蓄电池室	√	
主要通道、主要出入口		√
主要楼梯间		√

备用照明根据实际需要设置，无人值班变电站应尽量减少简化备用照明。

户外灯具采用集中布置、分散布置、集中与分散相结合的布置方式，推荐采用分散布置。考虑到维护方便，不推荐在构架和避雷针高处安装；当采用构架上安装时，要保证安全距离和安全检修条件。低处布置的投光灯，宜具有水平旋转和垂直旋转的支架。

室内灯具布置，可采用均匀布置和选择性布置两种方式。

灯具、插座布置和安装工艺应符合《国家电网公司输变电工程标准工艺（三）工艺标准库（2016 版）》中建筑电气部分的相关要求，并应在图纸中注明需采用的标准工艺。

7.2.8　线缆敷设及防火

7.2.8.1　线缆选型

线缆选择及敷设按照 GB 50217《电力工程电缆设计规范》进行，并需符

合 GB 50229《火力发电厂与变电站设计防火规范》、DL 5027《电力设备典型消防规范》有关防火要求。

变电站线缆选择宜视条件采用单端或双端预制型式。高压电气设备本体与汇控柜或智控柜之间宜采用标准预制电缆联接。

变电站火灾自动报警系统的供电线路、消防联动控制线路应采用耐火铜芯电线电缆。其余线缆采用阻燃电缆，阻燃等级不低于 C 级，电缆宜选用铜导体。

低压电缆宜选用交联聚乙烯型或聚氯乙烯型挤塑绝缘类型，中压电缆宜选用交联聚乙烯绝缘类型。明确需要与环境保护协调时，不得选用聚氯乙烯绝缘电缆。高压交流系统中电缆线路，宜选用交联聚乙烯绝缘类型。

60℃以上高温场所应按经受高温及其持续时间和绝缘类型要求，选用耐热聚氯乙烯、交联聚乙烯或乙丙橡皮绝缘等耐热型电缆。高温场所不宜选用普通聚氯乙烯绝缘电缆。

-15℃以下低温环境，应按低温条件和绝缘类型要求，选用交联聚乙烯、聚乙烯绝缘、耐寒橡皮绝缘电缆。低温环境不宜选用聚氯乙烯绝缘电缆。

在人员密集的公共设施，以及有低毒阻燃性防火要求的场所，可选用交联聚乙烯或乙丙橡皮等不含卤素的绝缘电缆。防火有低毒性要求时，不宜选用聚氯乙烯电缆。

7.2.8.2 敷设通道

二次设备室一般不设置电缆半层。若二次设备室位于建筑一层，可采用电缆沟作为屏柜电缆进出通道，也可辅助设置柜顶桥架；若二次设备室位于建筑二层及以上，可采用架空活动地板层作为电缆通道，也可在活动地板层设置槽盒。

主控室或二次设备室布置于建筑二层或以上，且进出线缆较少则可选择电缆桥架与下层电缆沟道联通；进出线缆较多时宜采用竖井，并按规定设置爬梯等人行设施。

7.2.8.3 敷设方式

（1）光缆敷设可视条件采用槽盒、桥架或支架敷设方式，宜采用槽盒或桥架敷设方式并辅以穿管敷设方式过渡。

（2）根据电缆和光缆敷设的特点，工程中应在核算敷设断面电缆、光缆数量的基础上，按实际需求设计电缆通道截面积。

（3）在电缆（光缆）敷设时需考虑其转弯半径的要求。

1）对于常用于地上变电站的聚氯乙烯绝缘电缆来说（包括单芯及多芯），裸铅包护套的电缆其转弯半径应为其外径的 15 倍，加铠装的电缆其转弯半径应为其外径的 20 倍。

2）对于常用于地下变电站的交联聚氯乙烯绝缘电缆来说，多芯且加铠装的电缆其转弯半径应为其外径的 15 倍，多芯不加铠装的电缆其转弯半径应为其外径的 20 倍，单芯的电缆其转弯半径应为其外径的 25 倍。

3）光缆转弯半径应大于其自身直径的 20 倍。

（4）在满足电缆（光缆）敷设容量要求的前提下，永久性建筑之间主通道宜采用小型清水混凝土电缆沟。

（5）在满足电缆（光缆）敷设容量要求的前提下，屋外 GIS 配电装置场地主通道宜采用地面桥架（槽盒），桥架（槽盒）需根据工程环境条件满足防火和耐腐蚀等要求。

（6）在满足电缆（光缆）敷设容量要求的前提下，GIS 室内线缆通道宜采用浅槽或槽盒，槽盒需根据工程环境条件满足防火和耐腐蚀等要求。

（7）光缆在垂直敷设时，应特别注意光缆的承重问题，一般每两层要将光缆固定一次；光缆穿墙或穿楼层时，要加带护口的保护用塑料管。

（8）同一通道内电缆数量较多时，若在同一侧的多层支架上敷设，应符合下列规定：

1）应按电压等级由高至低的电力电缆、强电至弱电的控制和信号电缆、通信电缆"由上而下"的顺序排列。当水平通道中含有 35kV 以上高压电缆，或为满足引入柜盘的电缆符合允许弯曲半径要求时，宜按"由下而上"的顺序排列。

2）支架层数受通道空间限制时，35kV 及以下的相邻电压等级电缆可排列于同一层支架上，1kV 及以下电缆也可与强电控制和信号电缆配置在同一层支架上。

3）同一重要回路的工作与备用电缆实行耐火分隔时，应配置在不同层的支架上。

（9）同一层支架上电缆排列的配置，应符合下列规定：

1）控制和信号电缆可紧靠或多层重叠；

2）除交流系统用单芯电力电缆的同一回路可采取品字型配置外，对重要的同一回路多根电力电缆，不宜重叠；

3）交流系统用单芯电缆情况外，电力电缆相互间宜有 1 倍电缆外径的空隙。

（10）抑制电气干扰强度的弱电回路控制和信号电缆，敷设时可采取下列措施：

1）与电力电缆并行敷设时相互间距，在可能范围内宜远离；对电压高、电流大的电力电缆间距宜更远；

2）敷设于配电装置内的控制和信号电缆，与耦合电容器或电容式电压互感、避雷器或避雷针接地处的距离，宜在可能范围内远离；

3）沿控制和信号电缆可平行敷设屏蔽线，也可将电缆敷设于保护管或槽盒中。

7.2.8.4 电缆孔、洞的封堵

（1）盘柜类封堵。低压柜柜底用耐火隔板、无机堵料及有机堵料组合封堵，封堵厚度与楼板相同。

（2）电缆穿侧墙类封堵。

1）建筑物侧墙一次电缆留孔用耐火隔板、防火包或者无机堵料、有机堵料组合封堵，封堵厚度与墙相同。

2）电缆桥架贯穿内墙孔封堵用耐火隔板、无机堵料、有机堵料组合封堵，封堵厚度与墙相同。

3）电缆桥架贯穿接外墙孔封堵用耐火隔板、无机堵料、有机堵料组合封堵，封堵厚度与墙相同。

（3）电缆穿管类封堵。电缆穿管孔洞用有机堵料封堵。封堵厚度＞50mm。

（4）端子箱类封堵。端子箱用有机堵料封堵，封堵厚度＞120mm。

（5）电缆竖井封堵。电缆竖井用角钢、耐火隔板、防火包、有机堵料组合封堵，封堵厚度与楼板相同。

（6）电缆穿楼板孔洞封堵。

1）楼板预留孔洞用角钢、耐火隔板、扎花钢板及防火包组合封堵，封堵厚度与楼板厚度相同。

2）一次电缆穿楼板孔洞用耐火隔板、防火包、无机堵料及有机堵料组合封堵，封堵厚度与楼板相同；当孔洞较大时用角钢加固。

3）二次电缆穿楼板孔洞用耐火隔板、无机堵料及有机堵料组合封堵，封堵厚度与楼板相同。

（7）电缆沟封堵。电缆沟用耐火隔板、有机堵料及防火包组合封堵，封堵厚度为 240mm。电缆桥架贯穿接墙孔封堵用耐火隔板、无机堵料、有机堵料组合封堵，封堵厚度与墙相同。

（8）各设备房间电缆入口，进入设备的孔洞以及电缆沟的接口处，穿过各

层楼板的竖井口均需封堵，其封堵厚度应＞100mm。

（9）消防封堵只起防火作用，不考虑承重。所采用的防火材料对设备无腐蚀作用。

7.3 二次系统

遵循 GB/T 51072—2014《110（66）kV～220kV 智能变电站设计规范》、《模块化二次设备设计技术导则》、《220kV 智能变电站模块化建设通用设计技术导则》、DL/T 5136—2012《火力发电厂、变电所二次接线设计技术规程》、DL/T 5044—2014《电力工程直流电源系统设计技术规程》等设计规范、标准及国家电网公司相关文件要求。

7.3.1 二次设备室（舱）及屏（柜）布置

7.3.1.1 二次设备室（舱）的布置

（1）二次设备室应符合 GB/T 2887《计算机场地通用规范》、GB/T 9361《计算机场地安全要求》的规定，应尽可能避开强电磁场、强振动源和强噪声源的干扰，还应考虑防尘、防潮、防噪声，并符合防火标准。二次设备室内宜采用电缆沟。二次设备舱应采用防静电地板。

（2）二次设备室（舱）的布置要有利于防火和有利于紧急事故时人员的安全疏散，其净空高度应满足屏柜的安装要求。Ⅲ型预制舱式二次组合设备应分别在长边两段设置 2 个舱门，Ⅰ型与Ⅱ型预制舱式二次组合设备应在一段设置 1 个舱门，开门尺寸为 2350mm×900mm（高×宽），满足设备搬运要求。

（3）二次设备柜采用集中布置时，备用柜数宜按终期规模的 10%～15%考虑；采用预制式二次组合设备时，备用柜数宜按 1～3 面考虑。

（4）二次设备室的屏间距离和通道宽度，要考虑运行维护及控制、保护装置调试方便。二次设备室屏间距离和通道宽度要求详见表 7－11。

表 7－11　　　　二次设备室的屏间距离和通道宽度

距离名称	采用尺寸（mm）	
	一般	最小
屏正面至屏正面	1800	1400
屏正面至屏背面	1500	1200
屏背面至屏背面	1000	800①
屏正面至墙	1500	1200

距离名称	采用尺寸（mm）	
	一般	最小
屏背面至墙	1200	800
边屏至墙	1200	800
主要通道	1600～2000	1400

续表

注　1. 复杂保护或继电器凸出屏面时，不宜采用最小尺寸。

　　2. 直流屏、事故照明屏等动力屏的背面间距不宜小于1000mm。

　　3. 屏背面至屏背面之间的距离，当屏背面地坪上设有电缆沟盖板时，可适当放大。

① 当二次设备室内二次设备采用前接线、前显示式装置时，屏柜可采用靠墙布置或背靠背布置，屏正面开门，屏后面不开门。

（5）预制舱式二次组合设备内二次设备应采用前接线、前显示式装置，屏柜采用双列靠墙布置，屏正面开门，屏后面不开门。

（6）Ⅰ型预制舱式二次组合设备内设置2面集中接线柜，Ⅱ型、Ⅲ型预制舱式二次组合设备内设置1面集中接线柜，宜结合进线口位置布置在长边侧屏柜两端。

（7）预制舱式二次组合设备内的远期屏柜宜在本期安装好空屏柜，并预留好相关布线。永久性备用的屏位宜布置在靠近舱门的位置，并敷设盖板。

7.3.1.2　二次屏（柜）的选择及安装

（1）室（舱）内屏（柜）的选择。

1）二次设备室（舱）内柜体尺寸宜统一。靠墙布置二次设备宜采用前接线前显示设备，屏柜宜采用 2260mm×800mm×600mm（高×宽×深，高度中包含 60mm 眉头），设备不靠墙布置采用后接线设备时，屏柜宜采用 2260mm×600mm×600mm（高×宽×深，高度中包含 60mm 眉头），交流屏柜宜采用 2260mm×800mm×600mm（高×宽×深，高度中包含 60mm 眉头）。站控层服务器柜可采用 2260mm×600mm×900mm（高×宽×深，高度中包含 60mm 眉头）屏柜。

2）当二次设备舱采用机架式结构时，机架单元尺寸宜采用 2260mm×700mm×600mm（高×宽×深，高度中包含 60mm 眉头）。

3）全站二次系统设备柜体颜色应统一。

4）预制舱式二次组合设备内二次设备宜采用前接线、前显示式装置，二次设备采用双列靠墙布置。

5）前开门屏（柜）内的布置。

a）站内所有前接线前显示式装置的安装固定点及装置前面板（液晶面板）位置应统一，保证整体美观且便于装置安装、拆除及现场布线。

b）装置布置于在柜体右侧（面对屏柜，下同），装置前面板采用右轴旋转或向上打开方式，竖走线槽布置在柜体左侧，横走线槽置于装置下部。当采用机架式结构时，竖走线槽可布置于柜体两侧。

c）当采用屏柜结构时，端子排统一设置在柜体下部，并采用横端子排布置方式；当采用机架式结构时，端子排可布置于机架单侧或下部。

（2）预制式智能控制柜的选择。

1）柜的结构。柜结构为柜前后开门、垂直自立、柜门内嵌式的柜式结构，正视柜体转轴在右边，门把手在左边。

2）柜的颜色。全站预制式智能控制柜柜体颜色应统一。

3）柜的要求。

a）宜采用双层不锈钢结构，内层密闭，夹层通风；当采用户内布置时，柜体的防护等级不低于 IP40；当采用户外布置时，柜体的防护等级不低于 IP54。

b）宜具有散热和加热除湿装置，在温湿度传感器达到预设条件时启动。

c）应根据具体外部环境的条件选择合适的柜体。预制式智能控制柜内部的环境应能够满足保护、测控、智能终端、合并单元等二次元件的长年正常工作温度、电磁干扰、防水防尘条件，不影响其运行寿命。

（3）屏柜的安装。采用前开门屏（柜）时，宜在屏（柜）底部中间开孔，开孔尺寸宜为 300mm×200mm；采用前后开门屏（柜）时，宜在屏（柜）底部两侧开孔，开孔尺寸宜为 300mm×150mm。

（4）二次设备的布置要求。

1）对于间隔层设备下放布置时，GIS 智能控制柜应合理设置柜体结构、分舱，双重化配置的保护设备、过程层交换机、智能组件应分别安装在不同的舱体中；对于间隔层设备集中布置时，双重化的智能组件可安装在同一舱体，应有明显的分隔标记。

2）对于间隔层设备集中布置时，屏面布置应在满足试验、运行方便的条件下、适当紧凑。保护、测控、交换机设备共同组屏时，宜按照保护、测控、交换机的顺序由上至下依次排列。

3）相同安装单位的屏面布置宜对应一致，各屏上设备安装的横向高度应整齐一致。

　　4）试验部件与连接片，安装中心线离地面高度不宜低于 300mm。

　　5）屏内安装装置高度不宜低于 800mm。

7.3.2　二次回路设计

7.3.2.1　二次回路的基本要求

　　（1）变电站的强电控制系统电源额定电压可选用 220V 或 110V。

　　（2）断路器的控制回路应满足下列要求：应有电源监视，并宜监视跳、合闸绕组回路的完整性；有防止断路器"跳跃"的电气闭锁装置；应使用断路器机构内的防跳回路。

　　（3）断路器控制电源消失及控制回路断线应发出报警信号。

　　（4）保护双套配置的设备，相应的断路器可配置两组跳闸线圈。变电站装设有两组蓄电池，对具有两组独立跳闸系统的断路器，应由两组蓄电池的直流电源分别供电。

　　（5）在计算机监控系统控制的断路器、隔离开关、接地开关的状态量信号应同时接入开、闭两个状态信号。

　　（6）继电保护及自动装置的动作等信号应通过站控层网络直接接入站控层主机，装置告警、故障信号应通过硬接点接入计算机监控系统。

　　（7）二次电流回路额定电流可选 1A 或 5A；电压回路宜为 100V。

7.3.2.2　二次"虚回路"的基本要求

　　（1）根据保护原理及自动化方案，应绘制 SV 信息流图及 GOOSE 信息流图，表达设备间逻辑关系。SV 信息流图反映设备间电流电压数据流的连接，GOOSE 信息流图反映设备控制原理和信号传输要求等内容。

　　（2）以 SV/GOOSE 信息流图为基础，根据 IED 制造厂商提供的具体设备虚端子图及原理接线图，绘制 SV/GOOSE 信息配置信息及光缆回路。

　　（3）SV/GOOSE 信息流图应包含信息传输回路图。信息传输回路图表示 SV 和 GOOSE 信息的实际传输路径，包括中间环节交换机。同时信息流中应包括保护原理和控制、信号、闭锁等信息。

　　（4）SV/GOOSE 信息逻辑配置应包含模拟量开入、开关量开入、开关量开出的分类，将智能设备之间的虚端子通过直观的形式连接起来。信息逻辑配置应包含信息内容、起点设备名称、起点设备虚端子号、起点设备数据属性、终点设备名称、终点设备虚端子号、终点设备数据属性。

7.3.3　二次网络设计

7.3.3.1　站控层网络

　　（1）可传输 MMS 报文和 GOOSE 报文。

　　（2）220kV 变电站站控层/间隔层网络宜采用双重化星型以太网络，站控层交换机可按二次设备室（舱）或按电压等级配置交换机，并相互级联。

　　（3）站控层 MMS 信息应在站控层网络传输。站控层 MMS 信息应具备间隔层设备支持的全部功能，其内容应包含四遥信息及故障录波报告信息，四遥信息主要包含保护、测控、故障录波装置的模拟量、设备参数、定值区号及定值、自检信息、保护动作事件及参数、设备告警、软压板遥控、断路器/隔离开关遥控、远方复归、同期控制等。

　　（4）站控层/间隔层 GOOSE 信息可在站控层网络传输。主要用于间隔层设备间通信，其内容可包含站域保护后备保护跳闸信息、过负荷联切、低频低压减负荷、35（10）kV 多合一装置 GOOSE 信息、测控联闭锁信息等。

7.3.3.2　过程层网络

　　（1）可传输 GOOSE 报文和 SV 报文。

　　（2）双重化配置的保护装置应分别接入各自 GOOSE 和 SV 网络，单套配置的测控装置等宜通过独立的数据接口控制器接入双重化网络，对于相量测量装置、电能表等仅需接入 SV 采样值单网。

　　（3）过程层 SV 信息可采用过程层网络传输，也可采用点对点方式传输。主要用于过程层设备与间隔层设备间通信，其内容应包含合并单元与保护、测控、故障录波、PMU、电能表等装置间传输的电流、电压采样值信息。

　　（4）过程层 GOOSE 信息可采用过程层网络传输，也可采用点对点方式传输。主要用于过程层设备与间隔层设备间通信，其内容应包含合并单元、智能终端与保护、测控、故障录波等装置间传输的一次设备本体位置/告警信息、合并单元/智能终端自检信息、保护跳闸/重合闸信息、测控遥控合闸/分闸信息以及保护失灵启动和保护联闭锁信息等。

　　（5）220、110kV 应按电压等级配置过程层网络。220kV 及主变压器 110kV 侧过程层网络宜采用星形双网结构；110kV 过程层网络宜采用星型单网结构。220kV 宜按间隔配置过程层交换机。110kV 宜集中设置过程层交换机。

　　（6）35kV 及以下电压等级不配置独立过程层网络，SV 报文可采用点对点方式传输，GOOSE 报文可利用站控层网络传输。

　　（7）主变压器高、中压侧宜按照电压等级分别配置过程层网络，主变压器低压侧不配置独立过程层网络，相关信息接入主变压器中压侧过程层网络。变压保护、测控等装置接入不同电压等级的过程层网络时，应采用相互独立的数据接口控制器。

7.3.4 二次设备的选择及配置

7.3.4.1 控制保护设备

控制开关的选择应符合该二次回路额定电压、额定电流、分断电流、操作频繁率、电寿命和控制接线等的要求。

二次回路的保护设备用于切除二次回路的短路故障，并作为回路检修、调试时断开交、直流电源之用。二次电源回路宜采用自动开关。

对具有双套配置的快速主保护和断路器具有双跳闸线圈的安装单位，其控制回路和继电保护、自动装置回路应分设独立的自动开关，并由不同的直流母线段分别向双套主保护供电。

控制回路、继电保护、自动装置屏内电源消失时应有报警信号。

凡两个及以上安装单位公用的保护或自动装置的供电回路，应装设专用的自动开关。

控制回路的自动开关应有监视，可用断路器控制回路的监视装置进行监视。保护、自动装置及测控装置回路的自动开关应有监视，其信号应接至计算机监控系统。

各安装单位的控制、信号电源，宜由电源屏或电源分屏的馈线以辐射状供电，供电线应设保护及监视设备。

7.3.4.2 小母线

控制屏及保护屏顶不宜设置小母线。35（10）kV 开关柜顶可设置小母线，小母线宜采用 ϕ6mm 的绝缘铜棒。

7.3.4.3 端子排

端子排应由阻燃材料构成。端子的导电部分应为铜质。潮湿地区宜采用防潮端子。

每个安装单位应有其独立的端子排。同一屏上有几个安装单位时，各安装单位端子排的排列应与屏面布置相配合。

当一个安装单位的端子过多或一个屏上仅有一个安装单位时，可将端子排成组地布置在屏的两侧。

每一安装单位的端子排应编有顺序号，并宜在最后留 2～5 端子作为备用。当条件许可时，各组端子排之间也宜留 1～2 个备用端子。在端子排组两端应有终端端子。

根据通用互换的原则，端子排按不同功能进行划分，端子排布置应考虑各插件的位置，避免接线相互交叉。

端子排列应符合标准，正、负极之间应有间隔，断路器的跳闸和合闸回路、直流（+）电源和跳合闸回路不能接在相邻端子上，端子排应编号。

汇控柜内的端子排按照"功能分段"的原则分别设置：交流回路、直流回路，TA 回路，TV 回路，断路器控制回路，隔离、接地开关控制回路，辅助触点及报警回路等。

汇控柜端子排的一侧为制造厂内部接线，另一侧供用户接线。一个端子宜只接入一根导线。端子排间应留有足够的空间，便于外部电缆的连接。

7.3.4.4 SCD 文件及虚端子

SCD 文件配置主要进行系统的通信子网配置、IED 设备配置以及 SCD 文件检查，SCD 文件以装置为对象订阅全站信息，装置具有唯一性。

IED 设备的配置是将装置 ICD 文件导入 SCD 文件中，并按照实际设备数量进行实例化配置，主要包括 IED 命名及描述配置、IP 地址配置、GOOSE 控制块及其相关参数配置、SV 传输控制块及其相关参数配置、虚端子连接配置等。

GOOSE、SV 输入输出信号为网络上传递的变量，与传统屏柜的端子存在着对应的关系，为了便于形象地理解和应用 GOOSE、SV 信号，这些信号的逻辑连接点称为虚端子。

装置 GOOSE 输入定义采用虚端子的概念，在以"GOIN"为前缀的 GGIO 逻辑节点实例中定义 DO 信号，DO 信号与 GOOSE 外部输入虚端子一一对应，通过该 GGIO 中 DO 的描述和 dU 可以确切描述该信号的含义。

在 SCD 文件中每个装置的 LLN0 逻辑节点中的 Inputs 部分定义了该装置输入的 GOOSE 连线，每一个 GOOSE 连线包含了装置内部输入虚端子信号和外部装置的输出信号信息，虚端子与每个外部输出信号为一一对应关系。

装置采样值输入定义采用虚端子的概念，在以"SVIN"为前缀的 GGIO 逻辑节点实例中定义 DO 信号，DO 信号与采样值外部输入虚端子一一对应，通过该 GGIO 中 DO 的描述和 dU 可以确切描述该信号的含义，作为采样值连线的依据。

在 SCD 文件中每个装置的 LLN0 逻辑节点中的 Inputs 部分定义了该装置输入的采样值连线，每一个采样值连线包含了装置内部输入虚端子信号和外部装置的输出信号信息，虚端子与每个外部输出采样值为一一对应关系。Extref

中的 IntAddr 描述了内部输入采样值的引用地址，应填写与之相对应的以"SVIN"为前缀的 GGIO 中 DO 信号的引用名，引用地址的格式为"LD/LN.DO"。

SCD 文件配置完成后，应对文件 SCL 语法合法性、文件模型实例及数据集正确性、IP 地址和组播地址、VLAN 及优先级通信参数正确性、虚端子连接正确性和完整性及其二次回路描述正确性等进行检查。

7.3.4.5 预制舱式二次组合设备内布线及外部光电缆接口

（1）舱内应设置配电箱、开关面板、插座等，舱内所有线缆均应采用暗敷方式。

（2）应设置两个进线口，宜采用两端进线。

（3）电缆宜直接从舱内各柜体直接引至舱外。

（4）舱内宜采用下走线方式，舱底部设置槽盒，不设置槽盒盖。

（5）舱内与舱外光纤联系应采用预制光缆。

（6）舱内宜设置集中接线柜实现对外光缆接线即插即用。

7.3.4.6 控制电缆

（1）控制电缆的选型应符合现行的 GB 50217 及 DL/T 5136、DL/T 5137 的有关规定。微机型继电保护装置及计算机测控装置所有二次回路的电缆均应使用屏蔽电缆。

（2）信号回路电缆截面积宜采用 1.5mm^2，控制回路电缆截面积宜采用 2.5mm^2。对电流二次回路，连接导线截面积应按电流互感器的额定二次负荷计算确定，至少应不小于 4mm^2。对于电压二次回路，连接导线截面积应按允许的电压降计算确定，至少应不小于 2.5mm^2。

（3）主变压器、断路器、隔离开关、接地开关等设备本体与智能控制柜之间的控制、信号回路宜采用预制电缆连接。

（4）预制电缆的使用应遵循以下配置原则：

1）预制电缆应自带航空插头，宜采用体积小、集成密度高，防护性能高，机械性能强，稳定性好的航空插头。

2）宜实现一次设备本体与智能控制柜之间标准的输入、输出，以提高抗干扰能力、适应现场工作环境、便于施工、提高现场实施质量。

3）当一次设备本体至就地控制柜间路径满足预制电缆敷设要求时（全程无电缆穿管）优先选用双端预制电缆。应准确测算双端预制电缆长度，避免出现电缆长度不足或过长情况。预制电缆余长有足够的收纳空间。

4）当电缆采用穿管敷设时，宜采用单端预制电缆，预制端宜设置在智能控制柜侧。预制缆端采用圆形连接器且满足穿管要求时也可采用双端预制。

5）预制电缆采用双端预制且为穿管敷设方式下，宜选用圆形高密度连接器。

6）在满足试验、调试要求前提下，预制电缆插座端宜直接引至二次装置背板端子排。

（5）预制电缆导线应采用多股软导线。预制电缆规格宜按推荐规格选择见表 7-12。

表 7-12　　　　　　　　　预制电缆规格

规格	信号回路	控制回路	电流、电压及交流电源回路
截面积（mm^2）	1.5	2.5	4
芯数	4、8、12、19	4、8、12、19	4、8、12

（6）电缆应采用电解铜导体、PVC 绝缘，并铠装、阻燃的屏蔽电缆。

（7）交、直流回路不能共用同一根电缆，两套跳闸回路不能共用同一根电缆、控制和动力回路不能共用同一根电缆。

7.3.4.7 光缆和网线

（1）光缆选择。

1）光缆的选用根据其传输性能、使用的环境条件决定；除线路纵联保护专用光纤外，其余宜采用缓变型多模光纤。室外预制光缆宜采用铠装非金属加强芯阻燃光缆，当采用槽盒或穿管敷设时，宜采用非金属加强芯阻燃光缆。室内光缆可采用尾缆。

2）光缆芯数宜选用 4 芯、8 芯、12 芯或 24 芯；尾缆（软装光缆）宜采用 4 芯、8 芯、12 芯规格。每根光缆或尾缆应至少预留 2 芯备用芯，一般预留 20%备用芯。

3）柜内二次装置间连接宜采用单芯或多芯跳线。

（2）同一室（舱）内站控层网络宜采用网线连接；跨室（舱）或数据级联时站控层网络宜采用光缆连接。

（3）双套保护的电流、电压，以及 GOOSE 跳闸控制回路等需要增强可靠性的两套系统，应采用各自独立的光缆。

（4）光缆起点、终点为同一对象的多个相关装置时（在同一智能控制柜内对应一套继电保护的多个装置），可合用同一根光缆进行连接，一根光缆的芯数不宜超过24芯。

（5）跨房间、跨场地不同屏柜间二次装置连接宜采用预制光缆。

（6）预制光缆的使用应遵循以下配置原则：

1）预制光缆应自带连接器，宜采用体积小、集成密度高，防护性能高，机械性能强，稳定性好的带分支的连接器。

2）为了保证光缆的可靠性和使用寿命，应采用密封性能良好和便于接续的光缆接头，宜采用标准化的光纤接口、熔接或插接工艺，可以根据需要适当选用无需现场熔接的预制光缆组件。

3）室外预制光缆可采用双端预制方式，也可采用单端预制方式。

4）双端预制光缆应准确测算预制光缆敷设长度，避免出现光缆长度不足或过长情况。可利用柜体底部或特制槽盒两种方式进行光缆余长收纳。

（7）应根据室外光缆、尾缆、跳线不同的性能指标、布线要求预先规划合理的柜内布线方案，有效利用线缆收纳设备，合理收纳线缆余长及备用芯，满足柜内布线整洁美观、柜内布线分区清楚、线缆标识明晰的要求，便于运行维护。

7.3.5 直流电源及交流不停电电源

7.3.5.1 直流系统

操作电源额定电压采用220V或110V，通信电源额定电压-48V。

蓄电池容量选择应满足全站电气负荷按2h事故放电时间计算，对于偏远地区，事故放电时间按4h计算。

在进行蓄电池容量选择时，直流负荷统计计算时间和直流负荷统计负荷系数选取应分别按照表7-13和表7-14执行。

表7-13　　　　　　　　　　直流负荷统计计算时间

序号	负荷名称	经常	事故放电计算时间						随机 (s)
			初期 (min)	持续 (h)					
			1	0.5	1.0	1.5	2.0	3.0	5
1	控制、保护、继电器	√	√	—	—	—	—	√	—
2	监控系统、智能装置、智能组件	√	√	—	—	—	—	√	—
3	UPS	—	√	√	√	√	√	√	—
4	INV	—	√	√	√	√	√	√	—
5	DC/DC	√	√	—	—	—	√	—	—

表7-14　　　　　　　　　　直流负荷统计负荷系数

序号	负荷名称	负荷系数	备注
1	控制、保护、继电器	0.6	
2	监控系统、智能装置、智能组件	0.8	
3	UPS	0.6	
4	INV	0.8	
5	DC/DC	0.8	
6	断路器跳闸	0.6	
7	恢复供电断路器合闸	1.0	
8	事故照明	1.0	

注　事故初期（1min）的冲击负荷，按以下原则统计：

1. 低电压、母线保护、低频减载等跳闸回路按实际数量统计。

2. 控制、信号和保护回路等按实际负荷统计。

当蓄电池的容量不大于200Ah时，宜采用组柜方式布置在二次设备室内；当蓄电池的容量在300Ah及以上时应设专用的蓄电池室，采用组架方式安装。

馈线开关选用专用直流空气开关，各直流回路的空气开关的额定电流进行选择计算，分馈线开关与总开关额定电流级差应保证3倍以上。

电缆截面的选择计算，根据负荷性质、负荷容量、压降要求、供电距离和电缆材质计算直流各进出线回路以及蓄电池回路的电缆截面。直流柜与直流分电柜间的电缆截面，应根据分电柜最大负荷电流选择。

蓄电池组引出线为电缆时，其正极和负极的引出线不应共用一根电缆。由直流柜和直流分电柜引出的控制、信号和保护馈线应选择铜芯电缆。

两组蓄电池宜布置在不同的蓄电池室；也可布置在同一个蓄电池室，并在两组蓄电池间设置防爆隔断墙。

7.3.5.2 不间断电源系统

站内配置2套交流不停电电源系统（UPS），采用主机双套冗余方式。

不间断电源UPS的供电负荷包括：① 计算机监控系统；② 电能计费系统；③ 火灾报警系统；④ 系统调度调信系统。

7.3.6 时钟同步系统

（1）主时钟应双重化配置，支持北斗导航系统（BD）、全球定位系统（GPS）和地面授时信号，优先采用北斗导航系统，另配置扩展装置实现站内所有对时设备的软、硬对时。

（2）站控层设备对时宜采用 SNTP 方式。

（3）间隔层设备对时宜采用 IRIG-B、1pps 方式。

（4）过程层设备对时宜采用 IRIG-B 光信号。

（5）时间同步系统应具备 RJ45、ST、RS-232/485 等类型对时输出接口扩展功能，工程中输出接口类型、数量宜按远期需求配置。

7.3.7 状态监测系统

状态监测 IED 宜按照电压等级和设备种类进行配置。每台主变压器配置 1 台状态监测 IED。全站 220kV 避雷器共配置 1 台状态监测 IED。

220kV 及以上电压等级 GIS 应加装内置局部放电传感器，其设计寿命应不少于被监测设备的使用寿命。

全站应共用统一的后台系统，功能由综合应用服务器实现。

7.3.8 智能辅助控制系统

（1）智能辅助控制系统包括图像监视及安全警卫子系统、火灾自动报警及消防子系统、环境监测子系统等，实现图像监视及安全警卫、火灾报警、消防、照明、采暖通风、环境监测等系统的智能联动控制。

（2）图像监视及安全警卫子系统。功能按满足安全防范要求配置，不考虑对设备运行状态进行监视。

图像监视及安全警卫子系统视频服务器等设备按全站最终规模配置，并留有远方监视的接口；就地摄像头按本期建设规模配置。

220kV 变电站视频安全监视系统配置一览表见表 7-15。

表 7-15　　　　220kV 变电站视频安全监视系统配置一览表

序号	安装地点	数量
1	主变压器区	每台主变压器配置 1 台
2	35（10）kV 无功补偿装置区	配置 1~2 台
3	220kV 设备区	AIS 设备：根据规模配置 2~3 台；GIS 设备：根据规模配置 2~3 台
4	110kV 设备区	AIS 设备：根据规模配置 2~3 台；GIS 设备：根据规模配置 2~3 台
5	35（10）kV 配电装置室	根据规模配置 2~4 台
6	二次设备室（含通信设备）	根据规模配置 2~4 台

序号	安装地点	数量
7	低压配电室	根据需要配置 1 台
8	电缆夹层	配置 1 台
9	一楼门厅	配置 1 台低照度摄像机
10	蓄电池室	每个蓄电池室配置 1 台
11	全景（安装在主控制楼顶部）	配置 1 台
12	周界（安装在变电站围墙边角）	每个围墙边角配置 1 台
13	高压脉冲电子围栏	根据围墙边界进行防区划分，含大门上端可移动护栏
14	门禁装置	变电站进站大门、主控楼门厅处安装

（3）火灾自动报警及消防子系统。火灾自动报警及消防子系统应取得当地消防部门认证。火灾探测区域应按独立房（套）间划分。火灾探测区域有二次设备室、蓄电池室可燃介质电容器室、各级电压等级配电装置室、油浸变压器、户内电缆沟及电缆竖井等。应根据所探测区域的不同，配置不同类型和原理的探测器或探测器组合。火灾报警控制器应设置在二次设备室或警卫室靠近门口处。当火灾发生时，火灾报警控制器可及时发出声光报警信号，显示发生火灾的地点。

（4）环境监测子系统。环境监测设备包括环境数据处理单元 1 套、温度传感器、湿度传感器、风速传感器（可选）、水浸探头（可选）、SF_6 探测器等。各类型传感器根据环境测点的实际需求配置，数据处理单元布置于二次设备室，传感器安装于设备现场。

7.3.9 预制舱式二次组合设备辅助设施

（1）预制舱式二次组合设备内应配置照明、消防、暖通、图像监控、通信、环境监控等设备，各设备应接入站内相应智能辅助控制子系统。

（2）照明设施。舱内照明设正常照明和应急照明。应急照明电源宜引自直流分屏，也可自带蓄电池，应急时间不小于 60min。正常照明应采用嵌入式 LED 灯带。各照明开关应设置于门口处，嵌入式安装，开关面板底部距地面高度为 1.5m，照明箱安装于门口处，底部距地面高度为 1.3m。

（3）火灾报警设施。舱内火灾探测及报警系统和消防控制设备选择执行《火灾自动报警系统设计规范》（GB 50116—2013）规定。舱内应配置 2 个火灾报警烟感探测装置，火灾报警烟感探测装置采用吸顶布置。

（4）消防设施。舱内配置 5kg 手提式灭火器 2 个，置于门口处。

（5）暖通设施。正常工作状态下舱内温度宜控制在 18～25℃ 范围内，相对湿度为 45%～75%，任何情况下无凝露。舱内应至少设置 2 台空调，在任一台空调故障时舱内温度应控制在 5～30℃ 范围内。空调应选用低噪声设备。舱体应设置机械通风装置，舱内形成通风回路。在青海等寒冷地区，应根据变电站环境条件，采用电暖气采暖方式。

（6）环境监测设施。舱内宜设置温湿度传感器，可根据需要设置水浸传感器，并将信息上传至智能辅助控制系统。

（7）视频监控设施。舱内安装视频监控，设置 1～2 台旋转式摄像机。

（8）其他辅助设施。舱内应设置有线电话，壁挂安装。照明箱、检修箱采用户内壁挂嵌入式安装。舱内应配置活动式或固定式折叠桌，方便生产运行。

7.3.10　二次设备接地和抗干扰

7.3.10.1　接地

（1）保护装置之间、保护装置至开关场就地端子箱之间联系电缆以及高频收发信机的电缆屏蔽层应双端接地，使用截面不小于 4mm^2 多股铜质软导线可靠连接到等电位接地网的铜排上。

（2）由开关场的变压器、断路器、隔离开关和电流、电压互感器等设备至开关场就地端子箱之间的二次电缆应经金属管从一次设备的接线盒（箱）引至电缆沟，并将金属管的上端与上述设备的底座和金属外壳良好焊接，下端就近与主接地网良好焊接。上述二次电缆的屏蔽层在就地端子箱处单端使用截面积不小于 4mm^2 多股铜质软导线可靠连接至等电位接地网的铜排上，在一次设备的接线盒（箱）处不接地。

（3）所有敏感电子装置的工作接地应不与安全地或保护地混接。

（4）在二次设备室、敷设二次电缆的沟道、就地端子箱及保护用结合滤波器等处，使用截面积不小于 100mm^2 的裸铜排敷设与变电站主接地网紧密连接的等电位接地网。

（5）在二次设备室内，沿屏（柜）布置方向敷设截面积不小于 100mm^2 的专用接地铜排，并首末端连接后构成室内等电位接地网。室（舱）内等电位接地网必须用至少 4 根以上、截面积不小于 50mm^2 的铜排（缆）与变电站的主接地网可靠一点接地。连接点处需设置明显的二次接地标识。

（6）在二次设备室内暗敷接地干线，在离地板 300mm 处设置临时接地端子。

（7）沿二次电缆的沟道敷设截面积不小于 100mm^2 的裸铜排（缆），构建室外的等电位接地网。开关场的就地端子箱内应设置截面积不小于 100mm^2 的裸铜排，并使用截面积不小于 100mm^2 的铜缆与电缆沟道内的等电位接地网连接。

（8）有电联系的电压互感器二次侧的接地应仅在一个控制室或继电器室相连一点接地。为保证接地可靠，各电压互感器的中性线不得接有可能断开的断路器等。已在二次设备室一点接地的电压互感器二次绕组，宜在开关场将二次绕组中性点经放电间隙或氧化锌阀片接地。为防止造成电压二次回路多点接地的现象，应定期检查放电间隙或氧化锌阀片。

（9）公用电流互感器二次绕组二次回路只允许，且必须在相关保护屏（柜）内一点接地。独立的、与其他电压互感器和电流互感器的二次回路没有电气联系的二次回路应在开关场一点接地。

（10）微机型继电保护装置屏（柜）内的交流供电电源的中性线不应接入等电位接地网。

（11）预制舱式二次组合设备应采用屏蔽措施，满足二次设备抗干扰要求。对于钢柱结构房，可采用 40mm×4mm 的扁钢焊成 2m×2m 的方格网，并连成六面体，与周边接地网相连，网格可与钢构房的钢结构统筹考虑。

（12）在预制舱式二次组合设备静电地板下层，按屏柜布置的方向敷设 100mm^2 的专用铜排，将该专用铜排首末端连接，形成预制舱式二次组合设备内二次等电位接地网。屏柜内部接地铜排采用 100mm^2 的铜带（缆）与二次等电位接地网连接。舱内二次等电位接地网采用 4 根以上截面积不小于 50mm^2 的铜带（缆）与舱外主地网一点连接。连接点处需设置明显的二次接地标识。

（13）预制舱式二次组合设备内暗敷接地干线，Ⅰ型预制舱式二次组合设备宜在离活动地板 300mm 处设置 2 个临时接地端子，Ⅱ型、Ⅲ型预制舱式二次组合设备宜在离活动地板 300mm 处设置 3 个临时接地端子。舱内接地干线与舱外主地网宜采用多点连接，不小于 4 处。

7.3.10.2　防雷

必要时，在各种装置的交、直流电源输入处设电源防雷器。

7.3.10.3　抗干扰

（1）微机型继电保护装置所有二次回路的电缆均应使用屏蔽电缆。

（2）交流电流和交流电压回路、交流和直流回路、强电和弱电回路，以及来自开关场电压互感器二次的四根引入线和电压互感器开口三角绕组的两根引入线均应使用各自独立的电缆。

（3）双套配置的保护装置的跳闸回路均应使用各自独立的光（电）缆。

（4）经长电缆跳闸回路，宜采取增加出口继电器动作功率等措施，防止误动。

（5）制造部门应提高微机保护抗电磁骚扰水平和防护等级，光耦开入的动作电压应控制在额定直流电源电压的55%～70%范围以内。

（6）针对来自系统操作、故障、直流接地等异常情况，应采取有效防误动措施，防止保护装置单一元件损坏可能引起的不正确动作。

（7）所有涉及直接跳闸的重要回路应采用动作电压在额定直流电源电压的55%～70%范围以内的中间继电器，并要求其动作功率不低于5W。

（8）遵循保护装置24V开入电源不出保护室的原则，以免引进干扰。

（9）经过配电装置的通信网络连线均采用光纤介质。

（10）合理规划二次电缆的敷设路径，尽可能离开高压母线、避雷器和避雷针的接地点、并联电容器、CVT、结合电容及电容式套管等设备，避免和减少迂回，缩短二次电缆的长度。

7.3.11　光缆、电缆的标准化连接

7.3.11.1　光缆的标准化连接

为了保证光缆的可靠性和使用寿命，应采用密封性能良好和便于接续的光缆接头，宜采用标准化的光纤接口、熔接或插接工艺，可以根据需要适当选用无需现场熔接的预制光缆组件。

柜内二次装置间连接宜采用跳纤，室内不同屏柜间二次装置连接宜采用尾缆或软装光缆，跨房间、跨场地不同屏柜间二次装置连接可采用无金属、阻燃、多芯室外预制光缆。

室外预制光缆可采用双端预制方式，也可采用单端预制方式。

预制光缆应自带连接器，宜采用体积小、集成密度高，防护性能高，机械性能强，稳定性好的带分支的连接器。

预制舱式二次组合设备内部屏柜间光缆接线全部由集成商在工厂内完成。现场施工宜采用预制光缆实现二次光缆接线即插即用。

预制舱式二次组合设备对外预制光缆宜采用双端预制方式。

7.3.11.2　电缆的标准化连接

宜实现一次设备本体与智能控制柜之间标准的输入、输出，以提高抗干扰能力、适应现场工作环境、便于施工、提高现场实施质量。

主变压器、GIS本体与智能控制柜之间二次控制电缆宜采用航空插头连接，断路器、隔离开关、互感器与智能控制柜之间二次控制电缆宜采用标准化连接，条件具备时可采用航空插头连接。

当电缆采用穿管敷设时，宜采用单端预制电缆，预制端宜设置在智能控制柜侧。预制缆端采用圆形连接器且满足穿管要求时也可采用双端预制。各供货商应按照标准化设计图纸，进行航空插头及电缆的制作、检验、测试、连接，实现快捷的、标准的二次控制电缆连接方式，减少现场电缆接线工作量，提高连接可靠性。

航空插头的选型应满足回路工作额定电压、额定电流的要求，同时还需要满足接触电阻、屏蔽性能、机械性能、振动、冲击、碰撞等要求；航空插头的连接方式应满足接触电阻等的要求；航空插头还应满足现场环境温湿度等要求。

航空插头宜采用高可靠性的防误插头；当一个间隔内部有多个相同的接插件时，需要有防止航空插件插错位置的措施，以保证间隔内部若干个航空插头的防误插，避免误操作，便于现场安装及运行、检修工作。

7.4　土建部分

7.4.1　站址基本条件

海拔＜1000m，，设计基本地震加速度0.10g，场地类别按Ⅱ类考虑；设计基准期为50年，设计风速$V_0 \leqslant 30$m/s；天然地基，地基承载力特征值f_{ak}=150kPa，假设场地为同一标高，无地下水影响。

7.4.2　总平面及竖向布置

7.4.2.1　站址征地

站址征地图应注明坐标及高程系统，应标注指北针，并提供测量控制点坐标及高程。在地形图上绘出变电站围墙及进站道路的中心线、征地轮廓线及规划控制红线等。变电站征（占）地面积一览表见表7-16。

表7-16　　　　　　变电站征（占）地面积一览表

序号	指　标　名　称	单位	数量	备注
1	站址总用地面积	hm²		
1.1	站区围墙内占地面积	hm²		
1.2	进站道路占地面积	hm²		

序号	指标名称	单位	数量	备注
1.3	站外供水设施占地面积	hm²		
1.4	站外排水设施占地面积	hm²		
1.5	站外防（排）洪设施占地面积	hm²		
1.6	其他占地面积	hm²		

7.4.2.2 总平面布置图

（1）变电站的总平面布置应根据生产工艺、运输、防火、防爆、环境保护和施工等方面的要求，按最终规模对站区的建、构筑物、管线及道路进行统筹安排。

（2）图中应表示进站道路、站外排水沟、挡土墙、护坡等，综合布置各种主要管沟，并标明其相对关系和尺寸。

（3）图中应标明站内各建筑物、构架、主变压器场地、围墙、道路等建构筑物的控制点坐标，并在说明中标明建筑坐标与测量坐标间相互的换算关系。

（4）图中应标注指北针，并应标出指北针与建筑坐标的夹角。

（5）图中应标明各道路的宽度及转弯半径。

（6）场地处理。变电站配电装置场地宜采用碎石地坪不设检修小道，操作地坪按电气专业要求设置。湿陷性黄土地区应设置灰土封闭层。雨水充沛的地区，可简易绿化，但不应设置管网等绿化设施，控制绿化造价。

规划部门对绿化有明确要求时，可进行简易绿化，但应综合考虑养护管理，选择经济合理的本地区植物，不应选用高级乔灌木、草皮或花木。

（7）应按 DL/T 5056《变电站总布置设计技术规程》，在图中列出表 7-17 "主要技术经济指标一览表"和表 7-18 "站区建（构）筑物一览表"。

表 7-17　　　　　主要技术经济指标一览表

序号	名称	单位	数量	备注
1	站址总用地面积	hm²		
1.1	站区围墙内占地面积	hm²		
1.2	进站道路占地面积	hm²		
1.3	站外供水设施占地面积	hm²		
1.4	站外排水设施占地面积	hm²		

序号	名称		单位	数量	备注
1.5	站外防（排）洪设施占地面积		hm²		
1.6	其他占地面积		hm²		
2	进站道路长度（新建/改造）		m		
3	站外供水管长度		m		
4	站外排水管长度		m		
5	站内主电缆沟长度		m		
6	站内外挡土墙体积		m³		
7	站内外护坡面积		m²		
8	站址土（石）方量	挖方（-）	m³		
		填方（+）	m³		
8.1	站区场地平整	挖方（-）	m³		
		填方（+）	m³		
8.2	进站道路	挖方（-）	m³		
		填方（+）	m³		
8.3	建（构）筑物基槽余土		m³		
8.4	站址土方综合平衡	弃土	m³		
		取土	m³		
9	站内道路面积		m³		
10	屋外场地面积		m³		
11	总建筑面积		m³		
12	站区围墙长度		m		

注　如有软弱土或特殊地基处理方式引起的土石方量变化可调整相应项目。

表 7-18　　　　　站区建（构）筑物一览表

序号	项目名称	单位	数量	备注
1	配电装置室（楼）	m²	/	
2	二次设备室	m²	/	
3	220kV 配电装置场地	m²		

序号	项 目 名 称	单位	数量	备 注
4	110kV 配电装置场地	m²		
5	主变压器场地	m²		
6	电容器场地	m²		
7	雨水泵井	座		
8	事故油池	座		
9	独立避雷针	根		
10	消防水池	m²		
11	消防泵房	m²		占地面积/建筑面积

注 具体建（构）筑物根据工程具体情况调整。

7.4.2.3 竖向布置

（1）竖向布置的形式应综合考虑站区地形、场地及道路允许坡度、站区排水方式、土石方平衡等条件来确定，场地的地面坡度不宜小于 0.5%。

（2）图中应标出站区各建（构）筑物、道路、配电装置场地、围墙内侧及站区出入口处的设计标高，建筑物设计标高以室内地坪为±0.000。标明场地、道路及排水沟排水坡度及方向。

7.4.2.4 土（石）方平衡

根据总平面布置及竖向布置要求，采用横断面法、方格网法、分块计算法或经鉴定的计算软件计算土（石）方工程量，绘制场区土方图，编制土方平衡表。对土方回填或开挖的技术要求作必要说明。

7.4.3 站内外道路

7.4.3.1 站内外道路平面布置

（1）站内外道路的型式。进站道路宜采用公路型道路；站内道路宜采用公路型道路，湿陷性黄土地区、膨胀土地区宜采用城市型道路；路面可采用混凝土路面或沥青混凝土路面。采用公路型道路时，路面宜高于场地设计标高150mm。

（2）站内道路宜采用环形道路。变电站大门宜面向站内主变压器运输道路。变电站大门及道路的设置应满足主变压器、大型装配式预制件、预制舱式二次组合设备等整体运输的要求。

站内主变压器运输道路宽度为 4.5m、转弯半径不小于 12m；消防道路宽度为 4m、转弯半径不小于 9m；检修道路宽度为 3m、转弯半径 7m。

消防道路边缘距离建筑物（长/短边）外墙距离不宜小于 5m。道路外边缘距离围墙轴线距离为 1.5m。

（3）其他。进站道路与桥涵或沟渠等交汇处应标明其坐标并绘制断面详图。站内道路平面布置应标明站内地下管沟，并标示穿越道路管沟的位置。

7.4.3.2 进站道路

（1）进站道路按 GBJ 22《厂矿道路设计规范》规定的四级厂矿道路设计，宜采用公路型混凝土道路，路面混凝土强度≥C25，施工可采用专用机械一次浇筑完成或两次浇筑完成。

（2）进站道路最大限制纵坡应能满足大件设备运输车辆的爬坡要求，一般为 6%。

7.4.3.3 站内道路

（1）站内道路宜采用公路型混凝土道路，路面混凝土强度≥C25，施工可采用专用机械一次浇注完成或两次浇注完成。

（2）站内道路纵坡不宜大于 6%，山区变电站或受条件限制的地段可加大至 8%，但应考虑相应的防滑措施。

7.4.4 装配式建筑

7.4.4.1 建筑物布置

（1）建筑应严格按工业建筑标准设计，风格统一、造型协调、方便生产运行，并做好建筑"四节（节能、节地、节水、节材）一环保"工作。建筑材料选用因地制宜，选择节能、环保、经济、合理的材料。

（2）变电站内建筑物名称和房间名称应统一。

（3）户外变电站设主控通信室（楼）、配电装置室（楼）等建筑物；半户内变电站设两幢配电装置楼。各类型变电站均设置独立的警卫室。

（4）建筑物按无人值守运行设计，仅设置生产用房及辅助生产用房。

户外变电站生产用房设有：主控通信室（包含二次设备室、蓄电池室等）、35（10）kV 配电装置室等。

半户内变电站生产用房设有：主变压器室、散热器室、220kV GIS 室、110（66）kV GIS 室，35（10）kV 配电装置室、电抗器室、接地变压器消弧线圈室、电容器室、站用变压器室、二次设备室、蓄电池室、消防控制室等。

辅助用房设有：安全工具间、资料室、男女卫生间、1～2 间机动用房、警卫室等。

（5）建筑设计的模数应结合工艺布置要求协调，宜按 GB 50006《厂房建筑模数协调标准》执行，建筑物柱距一般不宜超过 3 种。

主控通信室（楼）柱距宜为 6～7.5m，净高 3m，跨度根据工艺布置确定。

220kV GIS 室：跨度宜采用 12.5m，净高 8m。（根据结构计算结果确定层高 9.5m）

110kV GIS 室：跨度宜采用 9、10m，净高 6.5m。（根据结构计算结果确定层高 8m）

35（10）kV 配电装置室：采用单列布置时，跨度宜采用 7.5m（6m）；采用双列布置时，跨度宜采用 12m（9m）；采用混合布置时，跨度采用 11m。35kV 配电装置室层高 4.5m（楼上有建筑物时层高 5.4m），10kV 配电装置室层高 4m（楼上有建筑物时层高 4.8m）。

楼梯间轴线宽度宜为 3m，走廊轴线宽度宜为 2.1m。

半户内变电站电缆层高出室外地坪高度按 1.5m 考虑，电缆层层高 3.8m。

7.4.4.2　墙体

（1）建筑物外墙板及其接缝设计应满足结构、热工、防水、防火及建筑装饰等要求，内墙板设计应满足结构、隔声及防火要求。外墙板宜采用压型钢板复合板，钢板厚度外层为 0.8mm，内层厚度为 0.6mm，材料尺寸应采用标准模数；对城市中心地区可采用铝镁锰板，寒冷地区可采用纤维水泥复合板，选择时应满足热工计算要求。

（2）内墙板采用防火石膏板或轻质复合墙板。卫生间采用纤维水泥板。

（3）建筑物的防火墙宜采用纤维水泥板、防火石膏板复合墙体。

7.4.4.3　屋面

（1）屋面板采用钢筋桁架楼承板，轻型门式刚架结构屋面板宜采用压型钢板复合板。屋面宜设计为结构找坡，平屋面采用结构找坡不得小于 5%，建筑找坡不得小于 3%；天沟、檐沟纵向找坡不得小于 1%。寒冷地区建筑物屋面宜采用坡屋面，坡屋面坡度应符合设计规范要求。

（2）屋面采用有组织防水，防水等级采用 I 级。

7.4.4.4　室内外装饰装修

（1）外墙、内墙涂料装饰。采用非金属外墙板时，建筑外装饰色彩与周围景观相协调，内墙和顶棚涂料采用乳胶漆涂料。卫生间采用瓷砖墙面。

（2）变电站楼、地面做法应按照现行国家标准图集或地方标准图集选用，无标准选用时，可按国家电网公司输变电工程标准工艺选用。

（3）配电装置室、电抗器室、电容器室、站用变压器室、蓄电池室等电气设备房间宜采用环氧树脂漆地坪、自流平地坪、地砖或细石混凝土地坪等；卫生间、室外台阶采用防滑地砖，卫生间四周除门洞外，应做高度不应小于 120mm 混凝土翻边。

（4）卫生间设铝板吊顶，其余房间和走道均不宜设置吊顶。当采用坡屋面时宜设吊顶。

7.4.4.5　门窗

（1）门窗应设计成规整矩形，不应采用异型窗。

（2）门窗宜设计成以 3M 为基本模数的标准洞口，尽量减少门窗尺寸，一般房间外窗宽度不宜超过 1.50m，高度不宜超过 1.50。

（3）门采用木门、钢门、铝合金门、防火门，建筑物一层门窗采取防盗措施。

（4）外窗宜采用断桥铝合金门窗或塑钢窗，窗玻璃宜采用中空玻璃。蓄电池室、卫生间的窗采用磨砂玻璃。

（5）建筑外门窗抗风压性能分级不得低于 4 级，气密性能分级不得低于 3 级，水密性能分级不得低于 3 级，保温性能分级为 7 级，隔音性能分级为 4 级，外门窗采光性能等级不低于 3 级。

7.4.4.6　楼梯、坡道、台阶及散水

（1）楼梯采用装配式钢结构楼梯。楼梯尺寸设计应经济合理。楼梯间轴线宽度宜为 3m。踏步高度不宜小于 0.15m，步宽不宜大于 0.30m。踏步应防滑。室内台阶踏步数不应小于 2 级。当高差不足 2 级时，应按坡道要求设置。

（2）楼梯梯段改变方向时，扶手转向端处的平台最小宽度不应小于梯段宽度，并不得小于 1.20m。

（3）室内楼梯扶手高度不宜小于 900mm。靠楼梯井一侧水平扶手长度超过 500mm 时，其高度不应小于 1.05m。

（4）楼梯栏杆扶手宜采用硬杂木加工木扶手，不宜采用不锈钢等高档装饰材料。

（5）踏步、坡道、台阶采用细石混凝土或水泥砂浆材料。

（6）细石混凝土散水宽度为 0.60m，湿陷性黄土地区不得小于 1.50m。散水与建筑物外墙间应留置沉降缝，缝宽 20～25mm，纵向 6m 左右设分隔缝一道。

7.4.4.7　建筑节能

（1）控制建筑物窗墙比，窗墙比应满足国家规范要求。

（2）建筑外窗选用中空玻璃，改善门窗的隔热性能。

（3）墙面、屋面宜采用保温隔热层设计。

7.4.5　装配式结构

7.4.5.1　基本设计规定

（1）装配式建筑物宜采用钢结构。结构体系宜采用钢框架结构或轻型门式刚架结构。当单层建筑物恒载、活载均不大于 0.7kN/m²，基本风压不大于 0.7kN/m² 时可采用轻型门式刚架结构。地下电缆层采用钢筋混凝土结构。

（2）根据 GB 50068《建筑结构可靠度设计统一标准》，建筑结构安全等级取为二级；根据 GB 50011《建筑抗震设计规范》、GB 50223《建筑工程抗震设防分类标准》，建筑抗震设防类别取为乙类或丙类；荷载标准值、荷载分项系数、荷载组合值系数等，应满足 GB 50009《建筑结构荷载规范》和 DL/T 5427《变电站建筑结构设计技术规程》的规定。结构的重要性系数 γ_0 宜取 1.0。

（3）承重结构应按承载力极限状态和正常使用极限状态进行设计，按承载能力极限状态设计时，采用荷载效应的基本组合，按正常使用极限状态设计时，采用荷载效应的标准组合。

7.4.5.2　材料

（1）钢结构梁柱等主要承重构件宜采用 Q235、Q345 钢材，截面采用 H 型或箱型；轻型围护板材（压型钢板等）的檩条、墙梁等次构件，宜采用 Q235 冷弯薄壁型钢（如 C 型钢、Z 型钢等）。钢材的强屈比不宜小于 1.2，钢材应有明显的屈服台阶，且延伸率宜大于 20%。

（2）钢结构的传力螺栓连接宜选用高强度螺栓连接，高强度螺栓宜选用 8.8 级、10.9 级，高强度螺栓的预拉应力应满足表 7-19 的要求，钢结构构件上螺栓钻孔直径宜比螺栓直径大 1.5～2.0mm。

表 7-19　　　　　高强度螺栓的预拉应力值

螺栓公称直径（mm）	M16	M20	M22	M24	M27	M30
螺栓预拉力（kN）	100	155	190	225	290	355

（3）Q345 与 Q345 钢之间焊接宜采用 E50 型焊条，Q235 与 Q235 钢之间焊接宜采用 E43 型焊条，Q235 与 Q345 钢之间焊接宜采用 E43 型焊条，焊缝

的质量等级不小于二级。

7.4.5.3　结构布置

结构柱网尺寸按照模块化建设通用设计要求进行布置，厂房框架柱采用 H 形、箱形截面；框架梁宜采用 H 形截面；梁柱宜采用刚性连接。次梁的布置应综合考虑设备布置和工艺要求，次梁宜与主梁铰接，并与楼板组成简支组合梁。

7.4.5.4　钢结构计算的基本原则

（1）钢结构的计算宜采用空间结构计算方法，对结构在竖向荷载、风荷载及地震荷载作用下的位移和内力进行分析。

（2）进行构件的截面设计时，应分别对每种荷载组合工况进行验算，取其中最不利的情况作为构件的设计内力。荷载及荷载效应组合应满足 GB 50009《建筑结构荷载规范》的规定。

（3）框架柱在压力和弯矩共同作用下，应进行强度计算、平面内和平面外稳定计算。在验算柱的稳定性时，框架柱的计算长度应根据有无支撑情况按照 GB 50017《钢结构设计规范》进行计算。

（4）柱与梁连接处，柱在与梁上翼缘对应位置宜设置水平加劲肋，以形成柱节点域，节点域腹板的厚度应满足节点域的屈服承载力要求和抗剪强度要求。

（5）中心支撑宜采用十字交叉支撑，且宜采用 H 型截面，支撑在框架内宜相向对称布置，每层不同方向在水平方向的投影面积，不宜超过 10%。

（6）当设地下室时，钢框架柱应直接延伸至基础。不设地下室时，柱也应能可靠地传递柱身荷载，宜采用埋入式、插入式或外包式柱脚；6、7 度抗震设防时也可采用外露式柱脚，柱与基础的连接采用锚栓连接，锚栓宜采用 Q345 钢材，钢柱脚宜设置钢抗剪件，抗剪件的选择应根据计算确定。

7.4.5.5　钢结构节点设计与构造

（1）梁与柱的连接要求。

梁与柱刚性连接节点应具有足够的刚性，梁的上下翼缘用坡口全熔透焊缝与柱翼缘连接，腹板用 8.8 级或 10.9 级高强度螺栓与柱翼缘上的剪力板连接。梁与柱的连接应验算其在弹性阶段的连接强度、弹塑性阶段的极限承载力、在梁翼缘拉力和压力作用下腹板的受压承载力和柱翼缘板刚度、节点域的抗剪承载力。

箱型柱在与梁翼缘对应位置处应设横向隔板，隔板应采用全熔透对接焊缝

与柱壁板相连。H 型柱在与梁翼缘对应位置处应设横向加劲肋,加劲肋与柱翼缘应采用全熔透对接焊缝连接,与腹板可采用角焊缝连接。

加劲板(隔板)厚度不应小于梁翼缘厚度,强度与梁翼缘相同。

梁腹板上下端均作扇形切角,切角高度应容许焊条通过,下翼缘焊接衬板的反面与柱翼缘或壁板的连接处,应沿衬板全长用角焊缝连接,焊缝尺寸宜取为 6mm。

梁腹板与柱的连接螺栓不宜小于两列,且螺栓总数不宜小于计算值的 1.5 倍。

H 形截面柱在弱轴方向与主梁刚性连接时,应在主梁翼缘对应位置设置柱水平加劲肋,其厚度分别与梁翼缘和腹板厚度相同。柱水平加劲肋与柱翼缘和腹板均为全熔透坡口焊缝,竖向连接板柱腹板连接为角焊缝。

(2)柱与柱的连接要求。

焊接 H 型截面柱,腹板与翼缘的组合焊缝可采用角焊缝或部分熔透焊的 K 型坡口焊缝。

箱形截面柱壁板四角的焊缝一般采用部分焊透的 V 型或 J 型焊缝,焊脚尺寸可根据实际作用的水平剪力计算确定,但不得小于壁板厚度 2/3。

梁与柱刚性连接时,焊接 H 型截面柱在梁翼缘上下各 500mm 范围内,柱翼缘与柱腹板之间或箱形柱壁板之间的连接焊缝应采用全熔透坡口焊缝。

柱的拼接接头应位于框架节点塑性区以外,宜在框架梁上方 1.3m 附近,上下柱的对接接头应采用全熔透焊。柱拼接接头上下各 100mm 范围内,焊接 H 形截面柱翼缘与腹板间或箱型柱壁板之间的连接焊缝,应采用全熔透坡口焊缝;柱的接头处应设置安装耳板,厚度宜大于 10mm。

钢柱的上下层截面应保持一致,当需要变截面时,柱的截面尺寸宜保持不变,仅改变翼缘厚度。

(3)梁与梁的连接要求。

主梁的现场拼接节点,一般应设在内力较小的位置。也可根据施工安装方便的需要,设置在距离梁端 1m 左右的位置处。连接节点应按照板件截面面积的等强条件进行设计。一般情况下翼缘采用完全焊透的坡口对接焊缝连接,腹板采用高强摩擦型螺栓连接。翼缘和腹板也可均采用高强摩擦型螺栓连接。

次梁与主梁的连接宜为铰接,次梁与主梁的竖向加劲板宜用高强螺栓连接;当次梁跨数较多、跨距较大且荷载较大时,次梁与主梁可采用刚性连接。

(4)梁腹板开孔补强要求。

为满足电气工艺要求,梁腹板上需开孔时应满足以下要求:

1)当圆孔尺寸不大于梁高的 1/3,孔洞的间距大于 3 倍的孔径,且在梁端 1/8 跨度范围内无开孔时,可不予补强;

2)当开孔需要补强时,在梁腹板上加焊 V 型加劲肋,且纵向加劲板伸过洞口的长度不小于矩形孔的高度,加劲肋的宽度为梁翼缘宽度的 1/2,厚度与腹板同。

(5)楼、屋面底模构造要求。

楼面板宜采用压型钢板为底模的现浇钢筋混凝土板。压型钢板质量应符合 GB/T 12755《建筑用压型钢板》要求,宜选用闭口型热镀锌钢板,其基板应选用厚度不小于 0.5mm 的双面热镀锌钢板。在组合楼板的正弯矩区应根据使用阶段的受力情况及防火设计的要求确定是否配置受力钢筋。压型钢板公母肋扣合处,应采用有效的机械连接固定,当采用自攻螺丝或拉铆钉固定时,固定间距不宜大于 500mm。

屋面板选用钢筋桁架楼承板,应满足建筑防水、保温、耐腐蚀性能和结构承载等功能。钢筋桁架楼承板的型号及技术参数根据 JGT 368《钢筋桁架楼承板》选用,屋面钢筋桁架楼承板建议选用 HB1-90,楼板厚度取 120mm。底模钢板厚度不应小于 0.5mm,宜采用咬口式搭缝构造。

压型钢板或楼承板端部的连接宜采用圆柱头栓钉将压型钢板与钢梁焊接固定,栓钉宜穿透压型钢板焊于钢梁翼缘上。栓钉的直径不宜大于 19mm。

7.4.5.6　钢结构防腐和防火

(1)钢结构防腐。钢结构建筑物梁柱均应进行防腐处理,可采用热镀锌、冷喷锌或涂层防腐。

钢柱脚埋入地下部分应采用比基础或连接处混凝土等级高一级的混凝土包裹,包裹厚度不宜小于 50mm。

(2)钢结构防火。丙类钢结构多层厂房主变室和散热器室的耐火等级为一级,钢柱的耐火极限为 3.0h,钢梁的耐火极限为 2.0h,如为单层布置,钢柱的耐火极限为 2.5h。

丁、戊类单层钢结构厂房耐火等级为二级,钢柱耐火极限为 2.0h,钢梁的耐火极限为 1.5h。

1）防火板。耐火等级为一级的丙类钢结构多层厂房柱宜采用防火板外包防火构造。板材的耐火性能应经国家检测机构认定。外包板的厚度和层数应根据外包板的板材形式和结构的耐火极限进行计算选定。

2）防火涂料。根据建筑物耐火等级，确定各构件的耐火极限，选择厚、薄型的防火涂料。防火涂料的厚度应满足表 7-20 的要求。防火涂料的粘结强度宜大于 0.05MPa；钢结构节点部位的防火涂料宜适当加厚。

表 7-20 防火涂料的耐火极限

涂层厚度（mm）	20	30	40	50
耐火极限（h）	1.5	2.0	2.5	3.0

7.4.6 装配式构筑物

7.4.6.1 围墙

（1）围墙形式可采用大砌块实体围墙，砌体材料因地制宜，采用环保材料（如混凝土空心砌块），高度不低于 2.3m。砌块推荐尺寸为 600mm（长）×300mm（宽）×300mm（高）或 600mm（长）×200mm（宽）×300mm（高）。围墙中及转角处设置构造柱，构造柱间距不宜大于 3m，采用标准钢模浇制。当造价较为经济时，可采用装配式围墙，如城市规划有特殊要求的变电站可采用通透式围墙。

（2）饰面及压顶。围墙饰面采用水泥砂浆或干粘石抹面。围墙压顶应采用预制压顶。

（3）围墙变形缝。围墙变形缝宜留在墙垛处，缝宽 20~30mm，并与墙基础伸缩缝上下贯通，变形缝间距 10~20m。

7.4.6.2 大门

变电站大门宜采用电动实体推拉门，宽度为 5.0m，门高不宜小于 2.0m。

7.4.6.3 防火墙

（1）主变压器防火墙宜采用框架+大砌块、框架+预制墙板、组合钢模板清水钢筋混凝土等形式。墙体需满足耐火极限≥3h 的要求。装配式防火墙应根据主变压器构架钢管根开和防火墙长度设置钢筋混凝土现浇柱。

（2）主变压器防火墙的耐火等级为一级，墙应高出油枕顶，墙长应不小于贮油坑两侧各 1m。结构采用平法布置表示梁、柱的配筋。

（3）防火墙墙体材料应采用环保材料，宜就地取材。墙体材料可采用混凝土空心砌块，砌块尺寸推荐为 600mm×300mm×300mm，水泥砂浆抹面。

7.4.6.4 电缆沟

（1）配电装置区不设置电缆支沟，可采用电缆埋管或电缆排管。电缆沟宽度宜采用 800、1100、1400mm。

（2）电缆支沟可采用电缆槽盒，主电缆沟宜采用砌体、现浇混凝土或钢筋混凝土沟体，砌体沟体顶部宜设置预制压顶。沟深≤1000mm 时，沟体宜采用砌体；沟体≥1000mm 或离路边＜1000mm 时，沟体宜采用现浇混凝土。在湿陷性黄土地区及寒冷地区，采用混凝土电缆沟。电缆沟沟壁应高出场地地坪 100mm。当造价较为经济时，可采用装配式电缆沟。

（3）电缆沟盖板采用包角钢混凝土盖板或有机复合盖板，风沙地区盖板应带槽口盖板。盖板每边宜超出沟壁（压顶）外沿 50mm。电缆沟支架宜采用角钢支架。潮湿环境下，宜采用复合支架。

7.4.6.5 构架

（1）结构形式。构架柱宜采用钢管 A 柱，钢管宜采用 273mm×6mm、300mm×6mm、350mm×8mm 等；三角形钢桁架梁；梁柱连接采用铰接。柱与基础之间宜采用地脚螺栓连接。

（2）构造要求。人字柱的根开与柱高之比不宜小于 1/7。构架梁的高跨比：格构式钢梁不宜小于 1/25；变电构架人字柱的主柱与水平横杆的连接，应在平面外有足够的刚度，以保证拉压杆的共同工作。

（3）爬梯及接地。构架设计应设有便利维护检修人员上下的直爬梯，直爬梯的设置应满足带电检修的上人条件，梯宽不宜小于 0.4m，爬梯第一档到地面的距离为 450mm，爬梯底部宜设置防止人随意攀爬的带锁安全门。构架柱在距地面 0.5m 高处均设接地件，接地件位于柱外侧。柱脚排水孔设在人字柱内侧最低点。

（4）防腐。构架应根据大气腐蚀介质采取有效的防腐措施，对通常环境条件的钢结构宜采用热镀锌防腐或冷喷锌。

（5）构架基础。采用标准钢模浇制混凝土，基础尺寸推荐采用 1800、2100、2400、2700mm。

7.4.6.6 设备支架

（1）设备支架应与构架的结构型式相协调，可采用钢管结构，钢管宜采用

273mm×6mm、300mm×6mm 等。管母支架采用 T 型支架或 π 型支架。设备支架钢管与基础之间宜采用地脚螺栓连接。接地件根据电气要求设置，接地件位于柱外侧。柱脚排水孔设在支架柱最低点。

（2）防腐。支架应根据大气腐蚀介质采取有效的防腐措施，对通常环境条件的钢结构宜采用热镀锌防腐或冷喷锌。

（3）支架基础。采用标准钢模浇制混凝土，基础尺寸推荐采用 900、1200、1500mm。

7.4.6.7 避雷针

独立避雷针及构架避雷针采用钢管结构型式或格构式结构。

对一般气候条件地区，避雷针钢材应具有常温冲击韧性的合格保证；当结构工作环境温度低于 0℃但高于−20℃时，避雷针钢材应具有 0℃冲击韧性的合格保证；当结构工作环境温度低于−20℃时，避雷针钢材应具有−20℃冲击韧性的合格保证。

应严格控制避雷针针身的长细比，法兰连接处应采用有劲肋板法兰刚性连接。法兰连接螺栓应采用 8.8 级高强度螺栓（C 级），双帽双垫，螺栓规格不小于 M20。螺栓的紧固应采用力矩扳手，安装时的紧固力矩需满足 GB 50205《钢结构工程施工质量验收规范》的相关要求。

7.4.7 给排水

7.4.7.1 给水

（1）生活给水：变电站生活用水水源应根据供水条件综合比较确定，宜采用自来水或打井供水。

（2）消防给水：变电站消防给水量应按火灾时一次最大消防用水量，即所有室内外消防用水量及设备用水量之和计算。

7.4.7.2 排水

（1）场地排水应根据站区地形、地区降雨量、土质类别、站区竖向及道路综合布置，变电站内排水系统宜采用分流制排水。站区雨水采用散排或集中排放。生活污水排入市政污水管网或化粪池储存、定期清理。

（2）若变电站内雨水采用强排式，宜采用地下或半地下式排水泵站。

（3）事故油池的有效储油池容积按变电站内油量最大的一台变压器或高压电抗器的 100%油量设计。事故排油经事故油池分离后进行回收。

（4）排水设施在经济合理下，可采用成品构件。

7.4.8 暖通

建筑物内生产用房应根据工艺设备对环境温度的要求采用分体空调或多联空调，寒冷地区可采用电辐射加热器；警卫室等设置分体空调。

各电气设备室均采用自然进风、机械排风，排除设备运行时产生的热量。正常通风降温系统可兼作事故后排烟用。

主变压器室、电抗器室等运行噪声大的电气设备间通风应兼顾环保降噪需要；采用 SF_6 气体绝缘设备的配电装置室内应设置 SF_6 气体探测器，SF_6 事故通风系统应与 SF_6 报警装置联动。

采暖通风系统与消防报警系统应能联动闭锁，同时具备自动启停、现场控制和远方控制的功能。

室内存在保护装置的开关柜室，当室内环境温度超过 5～30℃范围，应考虑配置空调等有效的调温措施；当室内日平均相对湿度大于 95%或月平均相对湿度大于 75%，应考虑配置除湿设备。

7.4.9 消防

7.4.9.1 建筑物消防

（1）建筑物按建筑体积、火灾危险性分类及耐火等级确定是否设置消防给水及消火栓系统。

（2）建筑物室内外及配电装置区采用移动式化学灭火器。灭火器应结合配置场所的火灾种类和危险等级，按现行规范配置。

7.4.9.2 主变压器消防

主变压器宜采用泡沫喷淋灭火系统。

7.4.9.3 电缆层、电缆隧道消防措施

电缆从室外进入室内的入口处、电缆竖井的出入口处、电缆接头处、配电装置室与电缆夹层之间的电缆沟或隧道，均采取防止电缆火灾蔓延的阻燃或分隔措施：采用防火隔墙或隔板，并用防火材料封堵电缆通过的孔洞；电缆局部涂防火涂料或局部采用防火带、防火槽盒。电缆隧道人员出入口应满足火灾时人员疏散需要，门应为乙级防火门。在城镇公共区域开挖式隧道的人员出入口间距不宜大于 200m，非开挖式隧道的人员出入口间距可适当加大。隧道首末端无安全门时，宜在距离首末端不大于 5m 处设置人员出入口。

7.4.9.4 火灾报警

站内设置火灾自动探测报警系统，报警信号上传至地区监控中心及相关单位。

第3篇

国家电网
STATE GRID

国网冀北电力有限公司
STATE GRID JIBEI ELECTRIC POWER COMPANY LIMITED

冀北通用设计实施方案

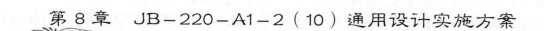

第8章 JB-220-A1-2（10）通用设计实施方案

8.1 JB-220-A1-2（10）方案设计说明

本实施方案主要设计原则详见方案技术条件见表8-1。

表8-1　　　JB-220-A1-2（10）方案主要技术条件表

序号	项 目		技 术 条 件
1	建设规模	主变压器	本期2台240MVA，远期3台240MVA
		出线	220kV：本期4回，远期8回； 110kV：本期4回，远期14回； 10kV：本期16回，远期24回
		无功补偿装置	10kV并联电抗器：本期无，远期无； 10kV并联电容器：本期8组8Mvar，远期12组8Mvar
2	站址基本条件		海拔<1000m，设计基本地震加速度0.10g，设计风速≤30m/s，地基承载力特征值f_{ak}=150kPa，无地下水影响，场地同一设计标高
3	电气主接线		220kV本期及远期均采用双母线单分段接线； 110kV本期及远期均采用双母线接线； 10kV本期采用单母线分段接线，远期采用单母三分段接线
4	主要设备选型		220、110、10kV短路电流控制水平分别为50、40、25kA；设备短路水平按此选择； 主变压器采用户外三绕组、有载调压电力变压器；220kV采用户外GIS；110kV采用户外GIS；10kV采用开关柜；10kV并联电容器采用框架式

续表

序号	项 目	技 术 条 件
5	电气总平面及配电装置	主变压器户外布置； 220kV：户外GIS，全架空出线； 110kV：户外GIS，全架空出线； 10kV：户内开关柜单列布置，电缆出线
6	二次系统	全站采用预制舱式二次组合设备、模块化二次设备、预制式智能控制柜及预制光电缆的二次设备模块化设计方案； 变电站自动化系统按照一体化监控设计； 采用常规互感器+合并单元； 220、110kV GOOSE与SV共网，保护直采直跳； 220kV及主变压器采用保护、测控独立装置，110kV采用保护测控集成装置，10kV采用保护测控集成装置； 采用一体化电源系统，通信电源不独立设置； 220、110kV间隔层采用预制舱式二次组合设备，公用及主变压器二次设备布置在二次设备室
7	土建部分	围墙内占地面积0.9918hm²； 全站总建筑面积672m²； 其中配电装置室面积632m²； 建筑物结构型式为装配式钢框架结构； 建筑物外墙采用压型钢板复合板或纤维水泥复合板，内墙采用防火石膏板或轻质复合内墙板，屋面板采用钢筋桁架楼承板； 围墙采用大砌块围墙或装配式围墙或通透式围墙； 构、支架基础采用定型钢模浇筑，构支架与基础采用地脚螺栓连接

8.2 JB-220-A1-2（10）方案卷册目录

8.2.1 JB-220-A1-2（10）电气一次卷册目录（见表8-2）

表8-2　　　　　JB-220-A1-2（10）电气一次卷册目录表

专业	序号	卷册编号	卷册名称
电气一次	1	JB-220-A1-2（10）-D0101	电气一次施工图说明及主要设备材料清册
	2	JB-220-A1-2（10）-D0102	电气主接线图及电气总平面布置图
	3	JB-220-A1-2（10）-D0103	220kV屋外配电装置
	4	JB-220-A1-2（10）-D0104	110kV屋外配电装置
	5	JB-220-A1-2（10）-D0105	10kV屋内配电装置
	6	JB-220-A1-2（10）-D0106	主变压器安装
	7	JB-220-A1-2（10）-D0107	10kV并联电容器安装
	8	JB-220-A1-2（10）-D0108	接地变压器及其中性点设备安装
	9	JB-220-A1-2（10）-D0109	交流站用电系统及设备安装
	10	JB-220-A1-2（10）-D0110	全站防雷、接地施工图
	11	JB-220-A1-2（10）-D0111	全站动力及照明施工图

8.2.2 JB-220-A1-2（10）电气二次卷册目录（见表8-3）

表8-3　　　　　JB-220-A1-2（10）电气二次卷册目录

专业	序号	卷册编号	卷册名称
电气二次	1	JB-220-A1-2（10）-D0201	二次系统施工说明及设备材料清册
	2	JB-220-A1-2（10）-D0202	公用设备二次线
	3	JB-220-A1-2（10）-D0203	主变压器保护及二次线
	4	JB-220-A1-2（10）-D0204	220kV线路保护及二次线
	5	JB-220-A1-2（10）-D0205	220kV母联（分段）、母线保护及二次线
	6	JB-220-A1-2（10）-D0206	故障录波系统
	7	JB-220-A1-2（10）-D0207	110kV线路保护及二次线
	8	JB-220-A1-2（10）-D0208	110kV母联、母线保护及二次线
	9	JB-220-A1-2（10）-D0209	10kV二次线
	10	JB-220-A1-2（10）-D0210	交直流电源系统

专业	序号	卷册编号	卷册名称
电气二次	11	JB-220-A1-2（10）-D0211	时间同步系统
	12	JB-220-A1-2（10）-D0212	智能辅助控制系统
	13	JB-220-A1-2（10）-D0213	火灾报警系统
	14	JB-220-A1-2（10）-D0214	设备状态监测系统
	15	JB-220-A1-2（10）-D0215	系统调度自动化
	16	JB-220-A1-2（10）-D0216	变电站自动化系统
	17	JB-220-A1-2（10）-D0217	站内通信

8.2.3 JB-220-A1-2（10）土建卷册目录（见表8-4）

表8-4　　　　　JB-220-A1-2（10）土建卷册目录

专业	序号	卷册编号	卷册名称
土建	1	JB-220-A1-2（10）-T0101	土建施工总说明及卷册目录
	2	JB-220-A1-2（10）-T0102	总平面布置图
	3	JB-220-A1-2（10）-T0201	10kV配电装置室建筑施工图
	4	JB-220-A1-2（10）-T0202	10kV配电装置室结构施工图
	5	JB-220-A1-2（10）-T0203	警卫室建筑施工图
	6	JB-220-A1-2（10）-T0204	警卫室结构施工图
	7	JB-220-A1-2（10）-T0207	预制舱基础施工图
	8	JB-220-A1-2（10）-T0301	220kV构（支）架及基础施工图
	9	JB-220-A1-2（10）-T0302	220kV GIS基础图
	10	JB-220-A1-2（10）-T0303	110kV构（支）架及基础施工图
	11	JB-220-A1-2（10）-T0304	110kV GIS基础图
	12	JB-220-A1-2（10）-T0305	主变压器场区构（支）架及基础施工图
	13	JB-220-A1-2（10）-T0306	电容器基础施工图
	14	JB-220-A1-2（10）-T0307	接地变压器及消弧线圈基础施工图

8.3 JB-220-A1-2（10）方案主要图纸（见图8-1～图8-21）

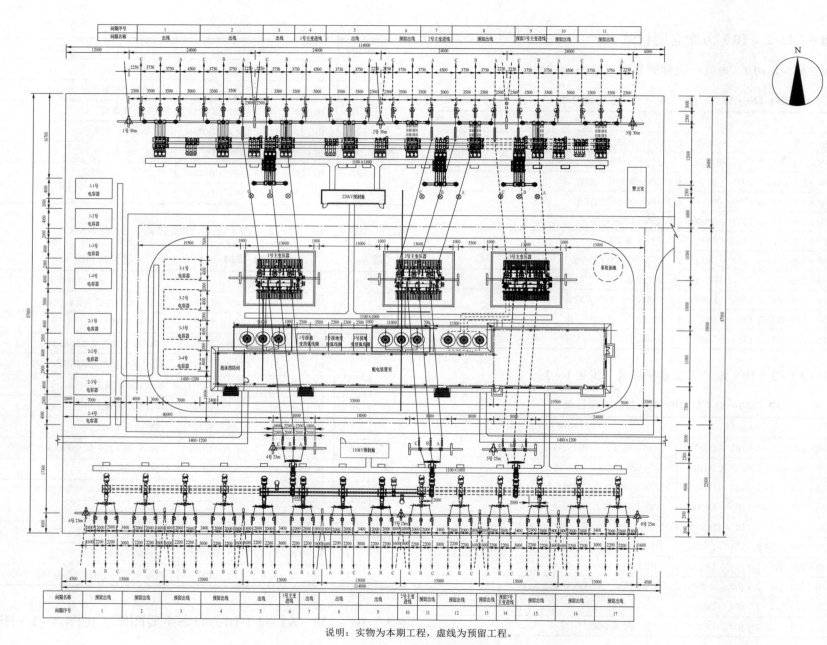

说明：实物为本期工程，虚线为预留工程。

图8-2　电气总平面布置图

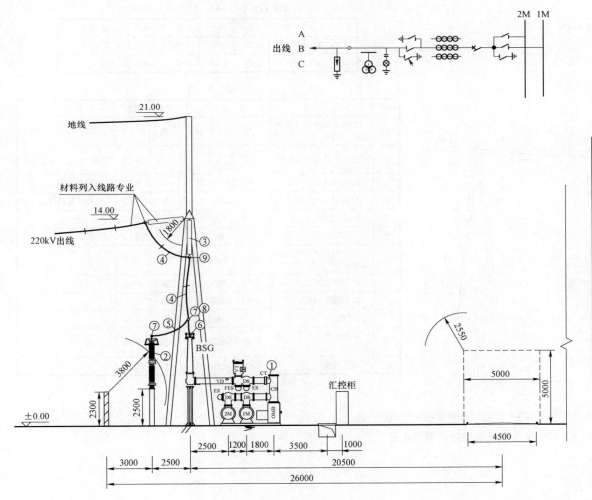

材 料 表

编号	名　称	型号及规范	单位	数量	备　注
①	220kV GIS 出线单元	见电气主接线	套	1×4	2GIS－4000/50－Z1
②	220kV 氧化锌避雷器	$Y_{10}W_5－204/532kV$	台	3×4	2MOA－204/532－Z1
③	悬垂绝缘子串	16（$XWP_2－70$）	串	3×4	与双导线连接
④	钢芯铝绞线	LGJ－630/55	m	80×4	
⑤	钢芯铝绞线	LGJ－300/25	m	6×4	
⑥	0°双导线铜铝过渡设备线夹	SSYG－630A/200	套	3×4	
⑦	0°铝设备线夹	SY－300A/25	套	6×4	
⑧	双导线 T 型线夹	TL－630/200	套	3×4	
⑨	耐张线夹	NY－630/55	套	6×4	
⑩	软母线间隔棒	MRJ－6/200	套	12×4	

说明：本工程 220kV 出线间隔共 4 个。

图 8－3　220kV 出线间隔断面图

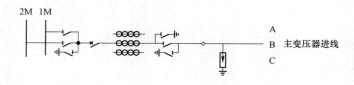

A
B   主变压器进线
C

31m 档距 LGJ-630/55 导线安装曲线表

温度（℃）	40	30	20	10	0	-10	-20
张力（N）	2159	2164	2170	2176	2181	2187	2193
弧垂（m）	1.490	1.487	1.484	1.481	1.479	1.476	1.473

材 料 表

编号	名 称	型号及规范	单位	数量	备 注
①	220kV GIS 主变压器进线单元	见电气主接线	套	1×2	2GIS-4000/50-Z1
②	220kV 氧化锌避雷器	$Y_{10}W_5-204/532kV$	台	3×2	2MOA-204/532-Z1
③	耐张绝缘子串	18（XWP_2-70）	串	3×2	与双导线连接
④	可调耐张绝缘子串	18（XWP_2-70）	串	3×2	与双导线连接
⑤	钢芯铝绞线	LGJ-630/55	m	220×2	
⑥	钢芯铝绞线	LGJ-300/25	m	12×2	
⑦	0°双导线铜铝过渡设备线夹	SSYG-630A/200	套	3×2	
⑧	0°铝设备线夹	SY-630A/55	套	6×2	
⑨	0°铝设备线夹	SY-300A/25	套	6×2	
⑩	T 型线夹	TL-630/55	套	12×2	
⑪	双导线单引下 T 型线夹	TL-630/200	套	3×2	
⑫	耐张线夹	NY-630/55	套	12×2	

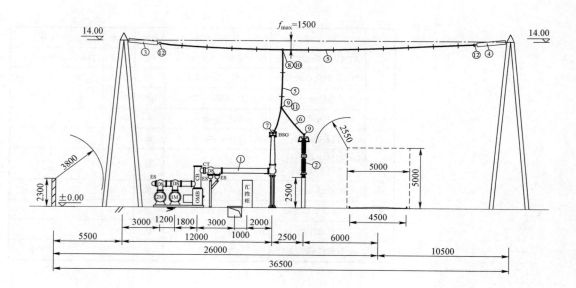

说明：本期工程 220kV 主变压器进线间隔共 2 个。

图 8-4　220kV 主变压器进线间隔断面图

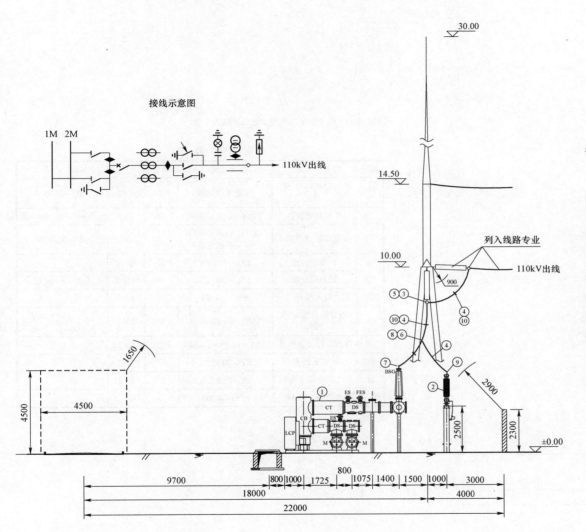

接线示意图

说明：本期工程110kV出线间隔共4个。

材　料　表

编号	名　　称	型号及规范	单位	数量	备　　注
①	110kV GIS 出线单元	配置见接线图	套	1×4	1GIS－3150/40
②	氧化锌避雷器	Y10W1－102/266W	只	3×4	1MOA－102/266－40
③	悬垂绝缘子串	11（U70BP/146D）与双导线连接	串	3×4	附组装金具
④	钢芯铝绞线	LGJ－300/25	m	80×4	
⑤	耐张线夹	NY－300/25	套	6×4	
⑥	双导线设备T型线夹	TYS－2×300/120	套	3×4	
⑦	0°双导线设备线夹	SSY－300/25A－120	套	3×4	
⑧	0°设备线夹	SY－300/25A	套	3×4	
⑨	30°设备线夹	SY－300/25B	套	3×4	
⑩	双分裂间隔棒	MRJ－5/120	套	15×4	

图 8－5　110kV 出线间隔断面图

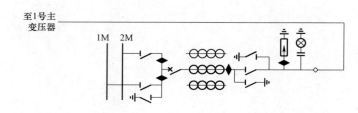

接线示意图

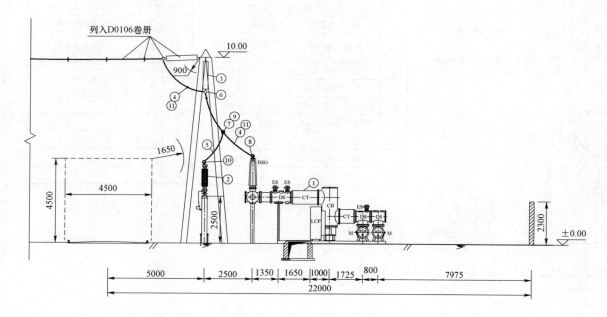

说明：本期工程110kV主变压器进线间隔共2个。

材 料 表

编号	名　称	型号及规范	单位	数量	备　注
①	110kVGIS主变单元	配置见接线图	套	1×2	1GIS－3150/40
②	氧化锌避雷器	Y10W1－102/266W	只	3×2	1MOA－102/266－40
③	悬垂绝缘子串	11（U70BP/146D）与双导线连接	串	3×2	附组装金具
④	钢芯铝绞线	LGJ－630/55	m	80×2	
⑤	钢芯铝绞线	LGJ－300/25	m	30×2	
⑥	耐张线夹	NY－630/55	套	6×2	
⑦	双导线设备T型线夹	TYS－2×630/200	套	3×2	
⑧	0°双导线设备线夹	SSY－630/55A－200	套	3×2	
⑨	0°设备线夹	SY－300/25A	套	3×2	
⑩	30°设备线夹	SY－300/25B	套	3×2	
⑪	双分裂间隔棒	MRJ－6/200	套	15×2	

图 8－6　110kV 主变压器进线间隔断面图

北

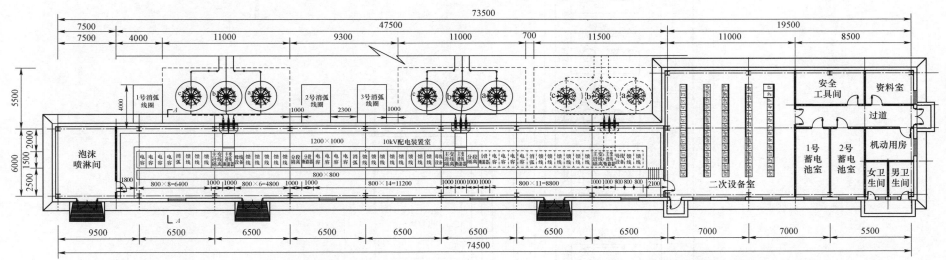

说明：实线为本期工程，虚线为远期工程。

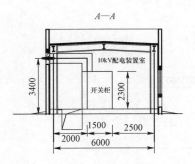

材 料 表

序号		设备名称	型号及规范	单位	数量	备 注
1	手车式开关柜	主变压器进线断路器间隔	配置见02图	面	2	通用设备
2		主变压器进线隔离间隔	配置见02图	面	2	
3		出线间隔	配置见03图	面	16	
4		分段开关间隔	配置见02图	面	1	
5		分段隔离间隔	配置见02图	面	2	
6		母线设备间隔	配置见02图	面	2	
7		接地变压器间隔	配置见02图	面	2	
8		电容器间隔	配置见02图	面	8	
9		母线桥支线	12kV，4000A，40kA/4s	m	~14	由开关柜厂家提供
10		穿墙套管	CWW-20/4000-4，纯瓷	只	6	
11		专用接地电磁锁	AC220V	套	2	每段母线1套
12		穿墙套管安装材料	详见本卷册04	套	6	

图 8－7　10kV 屋内配电装置平面布置图

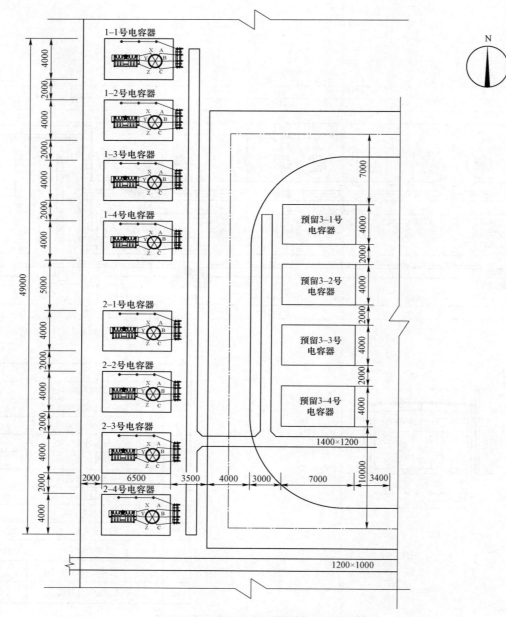

图 8-8　10kV 并联电容器组平面布置图

间隔序号	1	2	3	4	5	6	7	8	9	10	11
间隔名称	出线	出线	出线	1号主变压器进线	出线	预留出线	2号主变压器进线	预留出线	预留3号主变压器进线	预留出线	预留出线

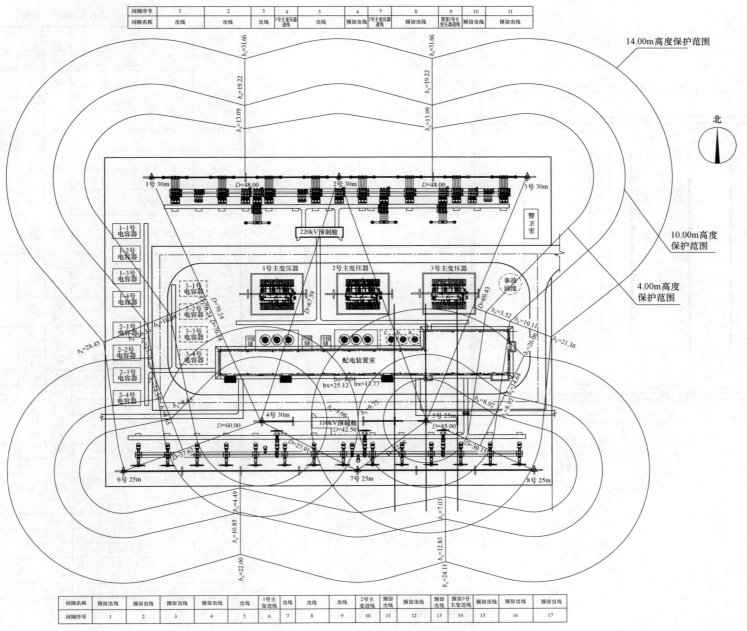

间隔名称	预留出线	预留出线	预留出线	预留出线	出线	1号主变进线	出线	出线	出线	2号主变进线	预留出线	预留出线	预留出线	预留3号主变进线	预留出线	预留出线	预留出线
间隔序号	1	2	3	4	5	6	7	8	9	10	11	12	13	14	15	16	17

图 8-9　全站防直击雷保护布置图

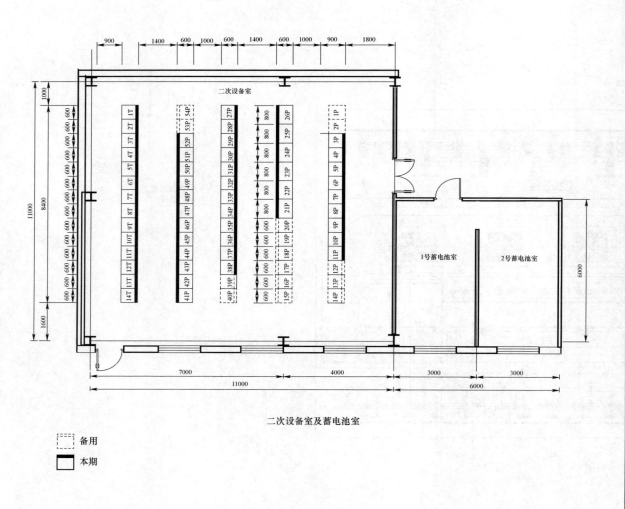

二次设备室及蓄电池室

备用（虚线框）
本期（实线框）

图 8-10 二次设备室屏位布置图

二次设备室屏位一览表

符号	名 称	数 量			备 注
		单位	本期	远景	
1P	监控主站兼操作员站柜	面	1		2台主机
2P	综合应用服务器柜	面	1		1台主机+正反向隔离2台
3P	智能辅助控制系统柜	面	1		
4P	Ⅰ区远动通信柜	面	1		2台Ⅰ区网关机、2台交换机、2台防火墙
5P	Ⅱ、Ⅲ/Ⅳ区远动通信柜	面	1		2台Ⅱ区、1台Ⅲ/Ⅳ区网关机、2台交换机
6P	公用测控柜	面	1		2台公用测控+4台站控层交换机
7P~8P	调度数据网设备柜	面	2		2台路由器、4台数据网交换机、4台纵向加密装置
9P	时间同步主时钟屏	面	1		
10P~11P	网络记录分析仪柜	面	2		
12P~20P	备用	面		9	
21P~26P	交流进、馈线柜	面	6		
27P~33P	直流充、馈线柜	面	7		
34P~35P	通信电源柜	面	2		
36P~37P	UPS电源系统柜	面	2		
38P	10kV消弧线圈控制柜	面	1		
39P	10kV消弧线圈控制柜2	面		1	
40P	备用	面		1	
41P~42P	1号主变压器保护柜	面	2		
43P	1号主变压器测控柜	面	1		
44P~45P	2号主变压器保护柜	面	2		
46P	2号主变压器测控柜	面	1		
47P	泡沫消防控制柜	面	1		
48P	电能采集及主变压器电能表柜	面	1		
49P	主变压器故障录波柜	面	1		
50P~51P	3号主变压器保护柜	面		2	
52P	3号主变压器测控柜	面		1	
53P	泡沫消防控制柜2	面		1	
54P	电能采集及主变压器电能表柜2	面		1	
1T~14T	通信柜范围	面	14		

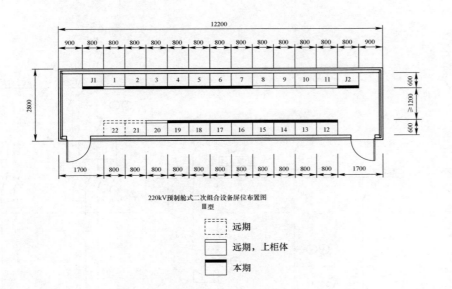
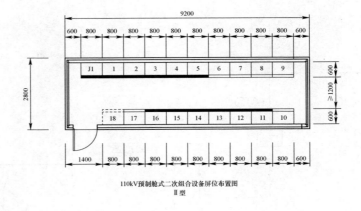

220kV预制舱式二次组合设备屏位布置图
Ⅲ型

110kV预制舱式二次组合设备屏位布置图
Ⅱ型

□ 远期

□ 远期，上柜体

■ 本期

220kV 预制舱式二次组合设备屏位一览表

符号	名　　称	数　量			备　　注
		单位	本期	远景	
1	220kV 母联保护测控柜 2	面		1	
2	220kV 母联保护测控柜	面	1		
3	220kV 分段保护测控柜	面	1		
4～7	220kV 线路保护测控柜	面	4		
8～11	220kV 线路保护测控柜（远景）	面		4	
12～13	直流分电柜	面	2		
14～15	220kV 母线保护柜	面	2		每面：母线保护＋过程层中心交换机 2 台
16	220kV 母线测控柜	面	1		2 台母线＋2 台站控层交换机电压并列（结合工程实际，需要时配置）
17	220kV 故障录波柜	面	1		
18	时间同步系统分柜	面	1		
19	220kV 电能表柜	面	1		
20	220kV 关口电能表柜	面		1	结合工程实际，需要时配置
21～22	备用	面		2	
J1～J2	集中接线柜	面	2		

110kV 预制舱式二次组合设备屏位一览表

符号	名　　称	数　量			备　　注
		单位	本期	远景	
1	110kV 母联保护测控柜	面	1		
2	110kV 母线保护柜	面	1		
3	110kV 过程层交换机柜	面	1		过程层中心交换机 6 台（A 网 5 台，B 网 1 台）
4～5	110kV 线路保护测控柜	面	2		
6～10	110kV 线路保护测控柜（远景）	面		5	
11～12	直流分电柜	面	2		
13	110kV 母线测控柜	面	1		2 台母线＋2 台站控层交换机电压并列（结合工程实际，需要时配置）
14	110kV 故障录波柜	面	1		
15	时间同步系统分柜	面	1		
16	110kV 电能表柜	面	1		
17	110kV 关口电能表柜	面		1	结合工程实际，需要时配置
18	备用	面		1	
J1	集中接线柜	面	1		

图 8-11　预制舱式二次组合设备屏位布置图

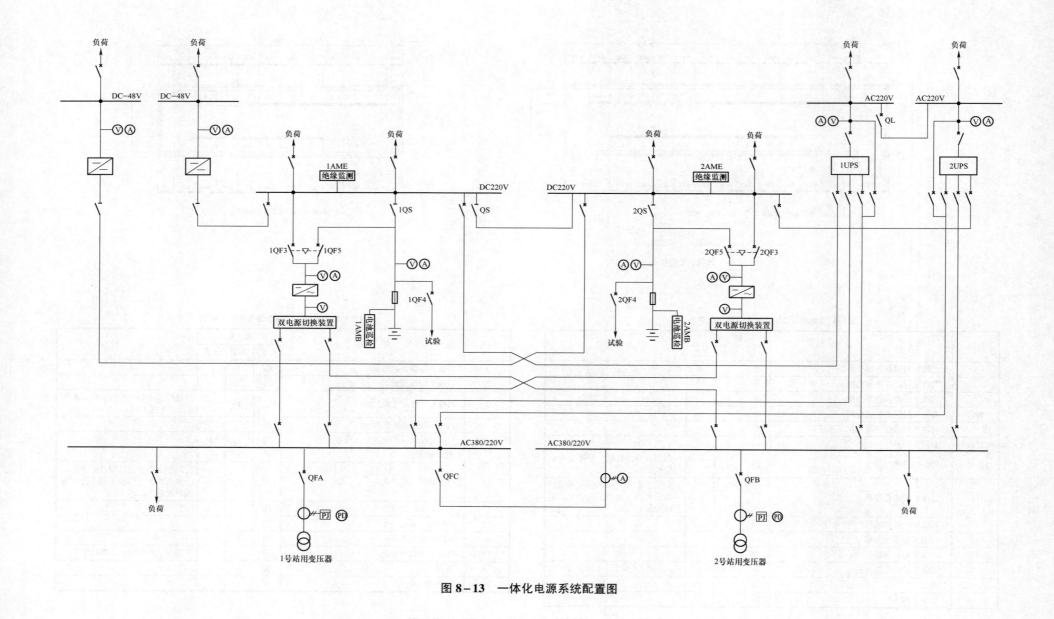

图 8-13 一体化电源系统配置图

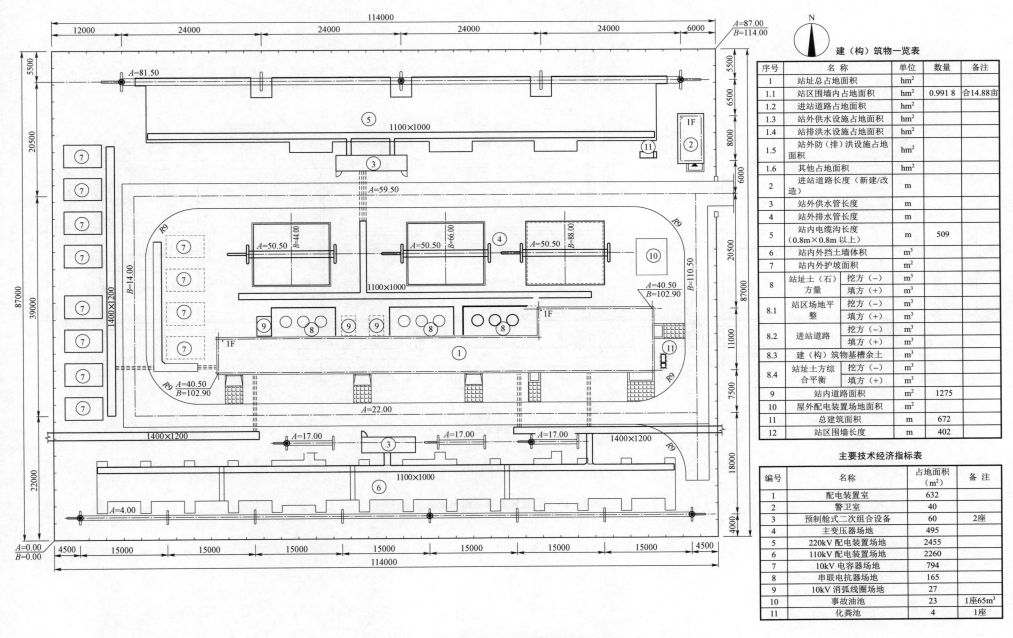

建（构）筑物一览表

序号	名 称	单位	数量	备 注
1	站址总占地面积	hm²		
1.1	站区围墙内占地面积	hm²	0.991 8	合14.88亩
1.2	进站道路占地面积	hm²		
1.3	站外供水设施占地面积	hm²		
1.4	站外排洪水设施占地面积	hm²		
1.5	站外防（排）洪设施占地面积	hm²		
1.6	其他占地面积	hm²		
2	进站道路长度（新建/改造）	m		
3	站外供水管长度	m		
4	站外排水管长度	m		
5	站内电缆沟长度（0.8m×0.8m 以上）	m	509	
6	站内外挡土墙体积	m³		
7	站内外护坡面积	m²		
8	站址土（石）方量	挖方（−）	m³	
		填方（+）	m³	
8.1	站区场地平整	挖方（−）	m³	
		填方（+）	m³	
8.2	进站道路	挖方（−）	m³	
		填方（+）	m³	
8.3	建（构）筑物基槽余土		m³	
8.4	站址土方综合平衡	挖方（−）	m³	
		填方（+）	m³	
9	站内道路面积	m²	1275	
10	屋外配电装置场地面积	m²		
11	总建筑面积	m	672	
12	站区围墙长度	m	402	

主要技术经济指标表

编号	名称	占地面积（m²）	备注
1	配电装置室	632	
2	警卫室	40	
3	预制舱式二次组合设备	60	2座
4	主变压器场地	495	
5	220kV 配电装置场地	2455	
6	110kV 配电装置场地	2260	
7	10kV 电容器场地	794	
8	串联电抗器场地	165	
9	10kV 消弧线圈场地	27	
10	事故油池	23	1座65m³
11	化粪池	4	1座

图 8-14　土建总平面

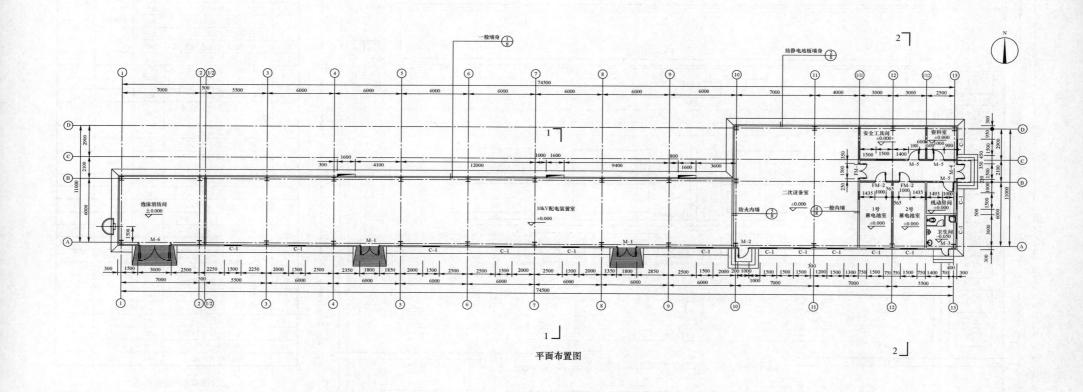

平面布置图

图 8-15　配电装置室平面布置图

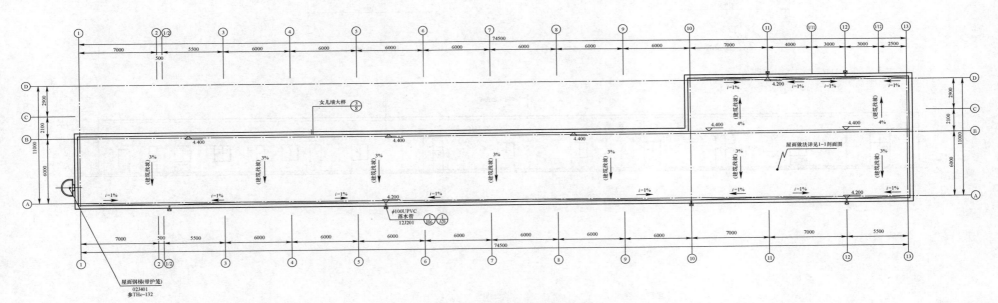

图 8-16　配电装置室屋面排水图

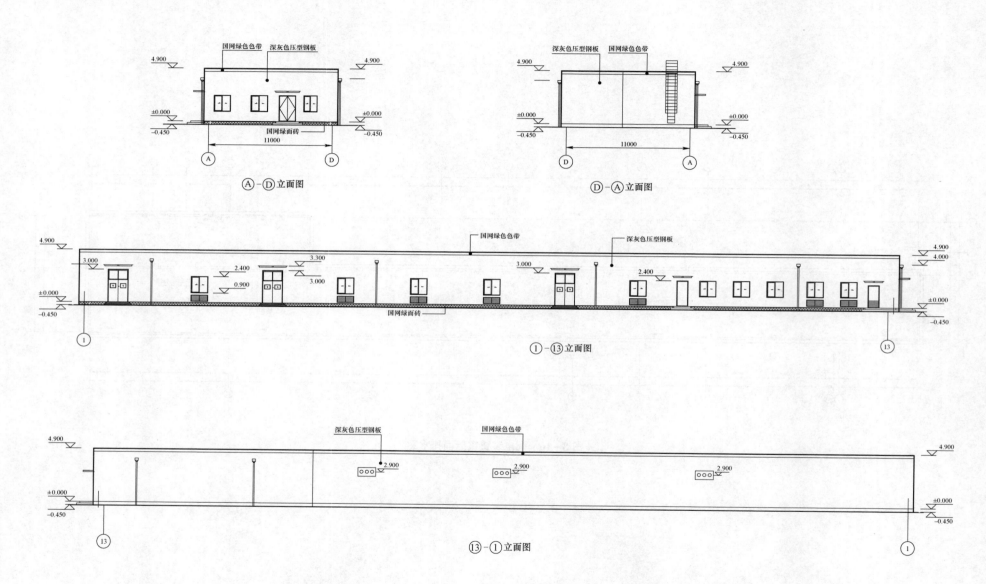

图 8-17　配电装置室立面图

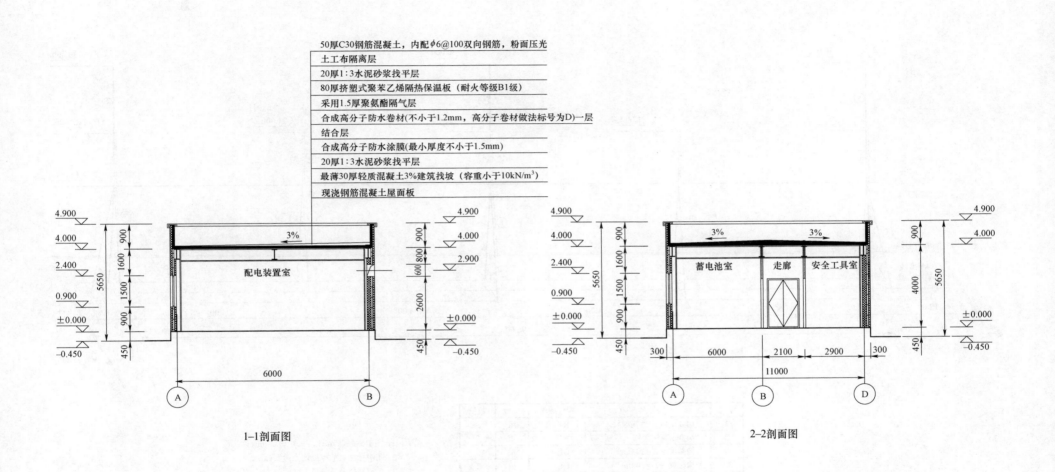

50厚C30钢筋混凝土，内配φ6@100双向钢筋，粉面压光
土工布隔离层
20厚1：3水泥砂浆找平层
80厚挤塑式聚苯乙烯隔热保温板（耐火等级B1级）
采用1.5厚聚氨酯隔气层
合成高分子防水卷材(不小于1.2mm，高分子卷材做法标号为D)一层
结合层
合成高分子防水涂膜（最小厚度不小于1.5mm）
20厚1：3水泥砂浆找平层
最薄30厚轻质混凝土3%建筑找坡（容重小于10kN/m³）
现浇钢筋混凝土屋面板

配电装置室

1-1剖面图

蓄电池室   走廊   安全工具室

2-2剖面图

图8-18　配电装置室立剖面图

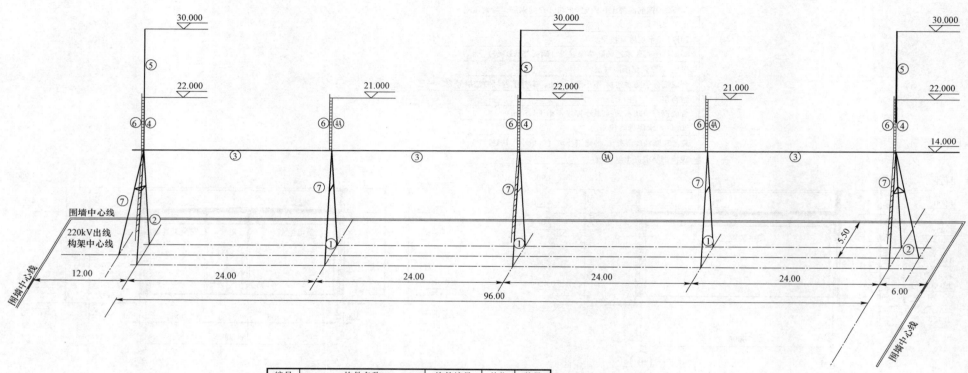

编号	构件名称	构件编号	单位	数量
1	14.0m 高 A 型构架柱	RZ－1	组	3
2	14.0m 高构架柱（带端撑）	DCZ－1	组	2
3	构架梁（L=24.0m）	GL－1	根	3
3A	构架梁（L=24.0m）	GL－2	根	1
4	8.0m 高地线柱	DZ－1	根	3
4A	7.0m 高地线柱	DZ－2	根	2
5	9.0m 高构架避雷针	P－1	根	3
6	7.0m 高钢爬梯	PT－1	副	5
7	14.0m 高钢爬梯	PT－2	副	3
8	走道板	GD	副	4

说明：1. 图中标高以 m 计，尺寸均以 mm 计。
2. 图中标注梁的标高均为梁底标高。
3. 主材规格及重量见各详图。

图 8－19 220kV 构架透视图

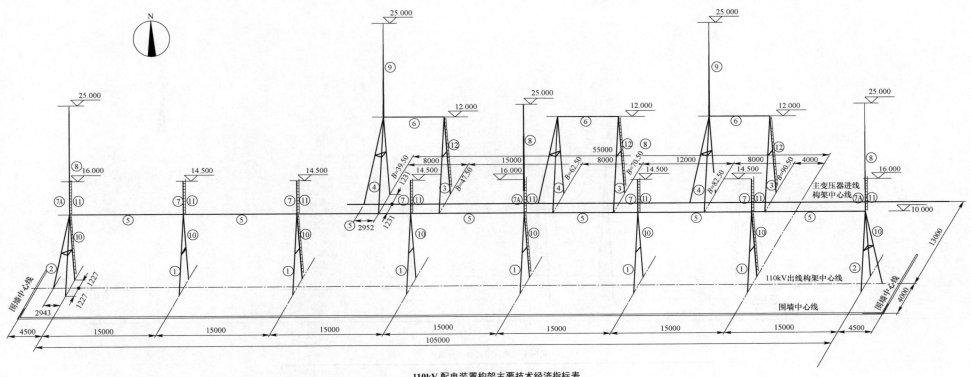

110kV 配电装置构架主要技术经济指标表

编号	构件名称	构件编号	主材规格	单位	数量	重 量		备注	图号
						单重（kg）	小计（t）		
1	10.0m 高 A 型构架柱	RZ-1		组	6				
2	10.0m 高构架柱（带端撑）	DCZ-1		组	2				
3	12.0m 高 A 型构架柱	RZ-2		组	3				
4	12.0m 高构架柱（带端撑）	DCZ-2		组	3				
5	构架梁（L=15.0m）	GL-1		根	7				
6	构架梁（L=8.0m）	GL-2		根	3				
7	4.5m 高地线柱	DZ-1		根	5				
7A	6m 高地线柱	DZ-2		根	3				
8	9m 高构架避雷针	P-1		根	3				
9	13m 高构架避雷针	P-2		根	2				
10	10.0m 高钢爬梯	PT-1		副	4				
11	4.5m 高钢爬梯	PT-2		副	8				
12	12.0m 高钢爬梯	PT-3		副	3				

图 8-20 110kV 构架透视图

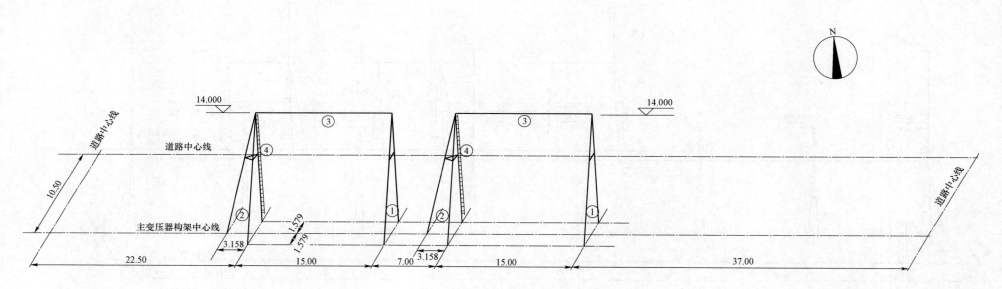

主变构架主要技术经济指标表

编号	构件名称	构件编号	主材规格	单位	数量	重 量		备注	图号
						单重（kg）	小计（t）		
1	14.0m 高 A 型构架柱	RZ-1		组	2				
2	14.0m 高构架柱（带端撑）	RZ-2		组	2				
3	构架梁（L=15.0m）	GL-1		根	2				
4	14.0m 高钢爬梯	PT-1		副	2				

说明：1. 图中标高以 m 计，尺寸均以 mm 计。

2. 图中标注梁的标高均为梁底标高。

图 8-21 本期主变压器构架透视图

8.4 JB-220-A1-2（10）方案主要计算书

二次的直流计算书、交流计算书、土建计算书见附件光盘。

8.5 JB-220-A1-2（10）方案主要设备材料表（见表8-5）

表8-5　　　　JB-220-A1-2（10）方案主要设备材料表

序号	产品名称	型号及规格	单位	数量	物料编码	固化ID	备注
		电气一次					
（一）	变压器						
1.1	220kV 电力变压器	2400000/220 户外，三相，三绕组，有载调压，自冷风冷	台	2	500000845	9906-500000845-00060	
		240/240/120MVA					
		220±8×1.25%/115/10.5kV					
		YNyn0d11					
		$U_{1\%\sim2\%}=14$					
		$U_{1\%\sim3\%}=23$（归算至全容量）					
		$U_{2\%\sim3\%}=8$（归算至全容量）					
		附套管电流互感器（每相）：					
		220kV 中压侧中性点：LRB-11 600/1A 5P30/5P30					
		110kV 中压侧中性点：LRB-66 600/1A 5P30/5P30					
		外绝缘爬距：220kV 套管不小于 6300mm					
		110kV 套管不小于 3150mm					
		10kV 套管不小于 372mm					
		配智能状态在线检测装置					

续表

序号	产品名称	型号及规格	单位	数量	物料编码	固化ID	备注
1.2	接地变压器消弧线圈成套装置	10kV 户内组合柜式，预调式，干式	套	2	接地变压器 500007975	9906-500055449-00023	
		接地变压器：1000/315kVA，10.5±2×2.5%/0.4kV，Zyn11 接线					
		消弧线圈：630kVA			消弧线圈 500007676	9906-500055451-00047	
		外绝缘爬电距离：240mm					
1.3	主变压器220kV 中性点组合式设备	126kV，主变压器中性点间隙电流互感器：10kV 200/1A，5P20/5P20	套	2	500070607	9906-500070607-00011	
		主变压器中性点隔离开关：126kV，630A，附电动机构					
		氧化锌避雷器：YH1.5W-144/260 附监测器					
		主变压器中性点放电间隙					
1.4	主变压器110kV 中性点组合式设备	72.5kV 主变压器中性点间隙电流互感器：10kV，200/1A，5P20/5P20	套	2	500070509	9906-500070509-00002	
		主变压器中性点隔离开关：72.5kV，630A，附电动机构					
		主变压器中性点氧化锌避雷器：YH1.5W-72/186 附监测器					
2	220kV 部分主设备						
2.1	220kV 智能组合电器	户外SF$_6$气体绝缘全密封（GIS）	套	4	500005263	9906-500005263-00002	架空出线间隔
		断路器三相分箱，母线三相共箱布置：					
		252kV，$I_N=3150A$，50kA/3s					

序号	产品名称	型号及规格	单位	数量	物料编码	固化ID	备注
		每套含:					
		断路器:3150A,50kA/3s,1台					
		隔离开关:3150A,50kA/3s,3组					
		接地开关:3150A,50kA/3s,2组					
		快速接地开关:50kA/3s,1组					
		电流互感器:2000～4000A,0.2S/0.2S/5P30/5P30,50kA/3s,10/10/10/10VA 3只					
		带电显示器(三相):1套					
		电压互感器(A相):220/$\sqrt{3}$ kV 0.5(3P)/0.5(3P),10/10VA 1只 附可拆卸隔离端口					
		套管:3150A,外绝缘爬电距离不小于6300mm,1套					
		间隔绝缘盆、法兰等附件					
2.2	220kV 智能组合电器	户外SF$_6$气体绝缘全密封(GIS)	套	2	500004649	9906-500004649-00016	主变压器进线间隔
		断路器三相分箱,母线三相共箱布置					
		252kV,I_N=3150A,50kA/3s					
		每套含:					
		断路器:3150A,50kA/3s,1台					
		隔离开关:3150A,50kA/3s,3组					
		接地开关:3150A,50kA/3s,3组					
		电流互感器:2000～4000A,0.2S/0.2S/5P30/5P30,50kA/3s,10/10/10/10VA,3只					
		套管:3150A,外绝缘爬电距离不小于6300mm,1套					
		带电显示器(三相):1套					
		间隔绝缘盆、法兰等附件					
2.3	220kV 智能组合电器	户外SF$_6$气体绝缘全密封(GIS)	套	2	500006220	9906-500006220-00004	母联间隔
		断路器三相分箱,母线三相共箱布置:					
		252kV,I_N=3150A,50kA/3s					
		每套含:					
		断路器:2000～4000A,50kA/3s,1台					
		隔离开关:3150A,50kA/3s,2组					
		接地开关:3150A,50kA/3s,2组					
		电流互感器:2000～4000A,0.2S/0.2S/5P30/5P30,10/10/10/10VA 50kA/3s,3只					
		间隔绝缘盆、法兰等附件					
2.4	220kV 智能组合电器	户外SF$_6$气体绝缘全密封(GIS)	套	3	500114899	9906-500114899-00002	母线设备间隔

序号	产品名称	型号及规格	单位	数量	物料编码	固化 ID	备注
		三相共箱布置：					
		252kV，I_N=3150A，50kA/3s					
		每套含：					
		隔离开关：3150A，50kA/3s，1组					
		接地开关：3150A，50kA/3s，1组					
		快速接地开关：50kA/3s，1组					
		电压互感器：220/√3 kV，0.2/0.5（3P）/0.5（3P）/6P，10/10/10/10VA，3只					
		间隔绝缘盆、法兰等附件					
		智能状态在线监测装置，1套					
2.5	220kV 智能组合电器	户外SF$_6$气体绝缘全密封（GIS）	套	1	500006213	9906-500006213-00001	分段间隔
		三相共箱布置 252kV 3150A					
		252kV，I_N=3150A，50kA/3s					
		每套含：					
		隔离开关：3150A，50kA/3s，2组					
		接地开关：3150A，50kA/3s，2组					
		电流互感器：（2500～4000）/1A，0.2S/5P，5P 3只，0.2S 3只					
		汇控柜1面，内部安装智能组件、合并单元等					

序号	产品名称	型号及规格	单位	数量	物料编码	固化 ID	备注
2.6	220kV 氧化锌避雷器	瓷柱式	台	18	500027164	9906-500027164-00013	
		标称放电电流：10kA，额定电压216kV					
		标称雷电冲击电流下的最大残压562kV					
		外绝缘爬电距离：6300mm					
		附智能状态在线监测装置1套					
2.7	220kV 智能组合电器主母线	户外SF$_6$气体绝缘全密封（GIS）	m	100			
		三相分箱布置					
3	110kV 部分主设备						
3.1	智能组合电器	户外SF$_6$气体绝缘全密封（GIS）	套	4	500006103	9906-500006103-00013	架空出线间隔
		三相共箱布置：126kV，2000A，40kA/3s					
		每套含：					
		断路器：2000A，40kA/3s，1台					
		隔离开关：2000A，40kA/3s，3组					
		接地开关：2000A，40kA/3s，2组					
		快速接地开关：40kA/3s，1组					
		电流互感器：（1000～2000）/1A，5P30/0.2S，10/10VA，3只					
		带电显示器：1套					

序号	产品名称	型号及规格	单位	数量	物料编码	固化ID	备注
		电压互感器（A相）：110/$\sqrt{3}$ kV，0.5（3P），10VA，1只 附可拆卸隔离断口					
		套管：2000A，外绝缘爬电距离不小于3150mm，1套					
		间隔绝缘盆、法兰等附件					
3.2	集成式智能组合电器	户外SF$_6$气体绝缘全密封（GIS）	套	2	500006107	9906-500006107-00006	主变进线间隔
		三相共箱布置：126kV，2000A，40kA/3s					
		每套含：					
		断路器：2000A,40kA/3s,1台					
		隔离开关：2000A，40kA/3s，3组					
		接地开关：2000A，40kA/3s，3组					
		电流互感器：（1000～2000）/1A，0.2S/0.2S/5P30/5P30，10/10/10/10VA，3只					
		带电显示器：1套					
		套管：2000A，外绝缘爬电距离不小于3150mm，1套					
		间隔绝缘盆、法兰等附件					
3.3	集成式智能组合电器	户外SF$_6$气体绝缘全密封（GIS）	套	1	500006111	9906-500006111-00003	母联间隔
		三相共箱布置：126kV，2000A，40kA/3s					
		每套含：					
		断路器，2000A,40kA/3s,1台					
		隔离开关：2000A，40kA/3s，2组					
		接地开关：2000A，40kA/3s，2组					
		电流互感器：（1000～2000）/1A，0.2S/5P30，10/10VA，3只					
		间隔绝缘盆、法兰等附件					
3.4	集成式智能组合电器	户外SF$_6$气体绝缘全密封（GIS）	套	2	500114495	9906-500114495-00012	母线设备间隔
		三相共箱布置：126kV，2000A，40kA/3s					
		每套含：					
		隔离开关：2000A，40kA/3s，1组					
		接地开关：2000A，40kA/3s，1组					
		快速接地开关：40kA/3s，1组					
		电压互感器：110/$\sqrt{3}$ kV，0.2/0.5（3P）/0.5（3P）/6P，10/10/10/10VA，3只					
		间隔绝缘盆、法兰等附件					
3.5	110kV智能组合电器分主母线	户外SF$_6$气体绝缘全密封（GIS）	m	60			
		三相分箱布置					
3.6	110kV氧化锌避雷器	瓷柱式	台	18	500031863	9906-500031863-00012	
		标称放电电流：10kA，额定电压：108kV					
		标称雷电冲击电流下的最大残压：281kV					

序号	产品名称	型号及规格	单位	数量	物料编码	固化 ID	备注
		外绝缘爬电距离：3150mm					
		附智能状态在线监测装置，1套					
4	10kV 部分主设备						
4.1	10kV 开关柜	金属铠装移开式高压开关柜	台	4	500002869	9906-500002869-00068	主变进线柜
		真空断路器，12kV，4000A，40kA，1台；					
		带电显示器，1套					
		柜宽1000mm					
4.2	10kV 开关柜	金属铠装移开式高压开关柜	台	4	500085277		主变压器隔离柜
		隔离手车，12kV，4000A，40kA，1台；					
		电流互感器：4000/1A，5P20/5P20/0.2S/0.2S，10/10/10/10VA，3只					
		带电显示器，1套					
		柜宽1000mm					
4.3	10kV 开关柜	金属铠装移开式高压开关柜	台	16	500002573		电缆出线柜
		真空断路器，12kV，1250A，31.5kA，1台					
		电流互感器：600/1A，5P30/0.5S/0.2S，10/10/10VA，3只					
		接地开关：31.5kA/4s，1组					
		避雷器：17/45kV，3只					
		带电显示器，1套					

序号	产品名称	型号及规格	单位	数量	物料编码	固化 ID	备注
		零序电流互感器Φ170 100/1A					
		柜宽 800mm					
4.4	10kV 开关柜	金属铠装移开式高压开关柜	台	8	500002570		电容器出线柜
		真空断路器，12kV，1250A，31.5kA，1台					
		电流互感器：600/1A，5P30/0.5S/0.2S，10/10/10VA，3只					
		接地开关：31.5kA/4s，1组					
		避雷器：17/45kV，3只					
		带电显示器，1套					
		零序电流互感器Φ170 100/1A					
		柜宽 800mm					
4.5	10kV 开关柜	金属铠装移开式高压开关柜	台	2	500061726		接地变压器消弧线圈出线柜
		真空断路器，12kV，1250A，31.5kA，1台					
		电流互感器：300/1A，5P30/0.5S/0.2S，10/10/10VA，3只					
		接地开关：31.5kA/4s，1组					
		避雷器：17/45kV，3只					
		带电显示器，1套					
		柜宽 800mm					

序号	产品名称	型号及规格	单位	数量	物料编码	固化 ID	备注
4.6	10kV 开关柜	金属铠装移开式高压开关柜	台	2	500099478		母线设备柜
		隔离手车，12kV，1250A，31.5kA，1 台；					
		电压互感器：0.2/0.5（3P）/3P/6P，50/50/50/100VA；（10/$\sqrt{3}$）/（0.1/$\sqrt{3}$）/（0.1/$\sqrt{3}$）/（0.1/$\sqrt{3}$）/（0.1/3）kV					
		避雷器：17/45kV，3 只					
		附消谐装置					
		熔断器：0.5/25kA					
		带电显示器，1 套					
		柜宽 800mm					
4.7	10kV 开关柜	金属铠装移开式高压开关柜	台	1	500002809		分段开关柜
		真空断路器，12kV，4000A，40kA，1 台					
		电流互感器：4000/1A，5P30/0.5S，10/10VA，3 只					
		带电显示器，1 套					
		柜宽 1000mm					
4.8	10kV 开关柜	金属铠装移开式高压开关柜	台	2	500083637		分段隔离柜
		隔离手车，12kV，4000A，40kA，1 台；					
		带电显示器，1 套					
		柜宽 1000mm					
4.9	封闭母线桥	12kV，4000A	m	～15	500118178	9906－500002869－00017	

序号	产品名称	型号及规格	单位	数量	物料编码	固化 ID	备注
4.10	10kV 并联电容器	户外高压并联电容器成套装置组合柜	套	6	500123723	9906－500037263－00013	
		容量 8Mvar，额定电压：10.5kV，最高运行电压：12kV					
		含：四极隔离开关、电容器、铁芯电抗器					
		放电电压互感器、避雷器、端子箱等					
		配不锈钢网门及电磁锁					
		标称容量：8Mvar；					
		单台容量 334kvar，配内熔丝					
		爬电距离：372mm					
4.11	10kV 串联电抗器	XKK－10－5000－12	台	6			
4.12	绝缘铜管母	12kV，5000A	m	～100	500074190	9906－500074190－00001	
5	绝缘子和穿墙套管						
5.1	耐张绝缘子串	18（XWP2－70），附组装金具	串	6	500122793		
5.2	可调耐张绝缘子串	18（XWP2－70），附组装金具	串	6	500122793		
5.3	悬垂绝缘子串	18（XWP2－70），附组装金具	串	12	500122793		
5.4	耐张绝缘子串	9（XWP2－70）与双导线连接，附组装金具	串	6	500122793		
5.5	耐张绝缘子串	9（XWP2－70）与双导线连接，附组装金具	串	6	500122793		
5.6	悬垂绝缘子串	9（XWP2－70），附组装金具	串	12	500122793		
5.7	穿墙套管	CWW－24/4000A，铜质，瓷绝缘	只	6			

序号	产品名称	型号及规格	单位	数量	物料编码	固化 ID	备注
6	导体、导线和电力电缆						
6.1	钢芯铝绞线	LGJ－630/55	m	900			
6.2	钢芯铝绞线	LGJ－500/45	m	1600			
6.3	三芯电力电缆	YJV22－8.7/15－3×240	m	600			
6.4	三芯电力电缆	YJV22－8.7/15－3×120	m	60			
6.5	户内外电缆终端	与 YJV22－8.7/15－3×240 配合	套	16			各半
6.6	户内外电缆终端	与 YJV22－8.7/15－3×120 配合	套	4			各半
7	防雷、接地、照明						
7.1	专用接地装置		套	24			
7.2	热镀锌扁钢	－60×8		—			
7.3	热镀锌扁钢	－80×8		—			
7.4	铜排	－30×4		—			
7.5	铜导线	200mm²		—			
7.6	铜导线	100mm²		—			
7.7	热镀锌角钢	－63×6mm L=2500mm		—			
7.8	热镀锌钢管	直径 300mm L=30m		—			
7.9	圆钢	直径 12mm		—			
7.10	临时接地端子			—			
7.11	断卡紧固线			—			
7.12	动力配电箱	PZR－30 改	面	7			
7.13	照明配电箱	PZR－30 改	面	4			
7.14	事故照明配电箱	PZR－30 改	面	1			

序号	产品名称	型号及规格	单位	数量	物料编码	固化 ID	备注
7.15	检修电源箱		面	26			
7.16	户外检修动力箱		面	3			
8	金具						
8.1	耐张线夹		套	72			
8.2	设备线夹		套	102			
8.3	T 型线夹		套	78			
8.4	导线间隔棒		套	100			
8.5	槽钢	L=1500mm	套	36			
8.6	槽钢	L=5000mm	套	6			
9	电缆支架、防火材料						
9.1	电缆防火涂料	FBQ－2	kg	—			
9.2	防火涂料	BXF－D311	kg	—			
9.3	有机耐火隔板	BXF－7 t=10mm	m²	—			
9.4	膨胀螺栓	M6×60	套	—			
9.5	膨胀螺栓	M8×80	套	—			
9.6	膨胀螺栓	M8×120	套	—			
9.7	无机防火砖	QL－Ⅱ	kg/m³	—			
9.8	有机防火堵料	FBQ－2	kg	—			
9.9	有机角板连接件	L70×70×5	m	—			
9.10	角钢	75×75×8	m	—			
9.11	角钢	45×45×4	m	—			
9.12	圆钢	φ10	m	—			
9.13	铝合金或镀铝锌板		m	—			

序号	产品名称	型号及规格	单位	数量	物料编码	固化 ID	备注
9.14	槽盒支架		m	—			
一	给水部分						
1	衬塑镀锌钢管	DN50	m	60			
2	闸阀	DN50，PN=1.6MPa	只	2			
3	防污隔断阀	DN50，PN=1.6MPa	只	1			
4	水表	DN50，水平旋翼式，PN=1.0MPa	只	1			
5	水表井	砖砌，$A \times B = 2150 \times 1100$	座	1			
二	排水部分						
1	焊接钢管	$D325 \times 6$	m	70			
2	PE 双壁波纹管	DN200，环刚度≥8kN/m²	m	100			
3	PE 双壁波纹管	DN300，环刚度≥8kN/m²	m	120			
4	PE 双壁波纹管	DN400，环刚度≥8kN/m²	m	120			
5	PE 双壁波纹管	DN500，环刚度≥8kN/m²	m	5			
6	砖砌雨水检查井	Φ1000	座	13			
7	砖砌污水检查井	Φ700	座	5			
8	水封井	Φ1250	座	3			
9	铸铁井盖及井座	Φ700，重型	套	21			
10	化粪池	G1-2SQF	座	1			
11	储存池	钢筋混凝土，$A \times B \times H = 1500 \times 2000 \times 3500$	座	1			
12	一体化预制雨水泵站	玻璃钢结构，Φ2400	座	1			

序号	产品名称	型号及规格	单位	数量	物料编码	固化 ID	备注
三	消防部分						
1	合成型泡沫喷雾灭火设备	储液罐 $V=14m^3$，包括储液罐、动力瓶组、驱动装置、放空阀等	套	1			
2	水喷雾喷头	ZSTWB 系列，DN25	只	150			
3	镀锌钢管	DN25	m	50			
4	镀锌钢管	DN50	m	150			
5	镀锌钢管	DN80	m	300			
6	闸阀	DN80，PN=1.6MPa	只	3			
7	地下式消防水泵接合器	SQX100A 型，DN100	套	6			
8	砖砌阀门井	$A \times B = 1750 \times 1500$	座	3			
9	铸铁井盖及井座	Φ700，重型	套	3			
10	消防沙箱	$1m^3$，含消防铲、消防桶等	套	3			
11	推车式干粉灭火器	50kg	具	3			
12	手提式干粉灭火器	5kg	具	6			
（十）	暖通						
1	边墙式方形轴流风机	风量：6300m³/h，静压：60Pa	台	3			
		电源：380V/50Hz，电机功率：0.25kW					
2	边墙式方形轴流风机	风量：1600m³/h，静压：60Pa	台	1			
		电源：380V/50Hz，电机功率：0.06kW					
3	边墙式方形轴流风机	风量：1700m³/h，静压：60Pa	台	2			
	防爆型	电源：380V/50Hz，电机功率：0.125kW					

序号	产品名称	型号及规格	单位	数量	物料编码	固化 ID	备注
4	风冷柜式空调机	规格:3HP,制冷/制热量:7.5/8.2kW	台	4			
5	风冷壁挂式空调机	规格:1HP,制冷量:2.5kW,制热量:3.4kW	台	2			
6	风冷防爆壁挂式空调	规格:2HP,制冷/制热量:5.0/5.3kW	台	2			
7	电取暖器	制热量:1.3kW,电源:220V,50Hz	台	28			
8	电取暖器	制热量:1.0kW,电源:220V,50Hz	台	3			
9	电取暖器(防爆型)	制热量:1.3kW,电源:220V,50Hz	台	2			
10	吸顶式换气扇	风量:400m³/h,风压:250Pa	台	1			
11	半球形通风管罩	规格:直径150,不锈钢制作	只	1			
12	硅酸钛金复合单层软风管	规格:直径150mm,长度~1300mm	只	1			
13	保温密闭型电动百叶窗	规格:1500mm×500mm(高)	只	5			

电气二次主要设备材料清册见表 8-6。

表 8-6　　　　　电气二次主要设备材料清册

序号	设备名称	型号及规格	单位	数量	备注
二	电气二次部分				
1	220kV 系统保护				
(1)	220kV 线路保护测控柜	220kV 线路保护装置2台;预留1台测控装置位置、预留2台交换机位置	面	4	
(2)	220kV 母联保护测控柜	220kV 微机母联保护装置2台、预留1台测控装置位置、预留2台交换机位置	面	1	
(3)	220kV 分段保护测控柜	220kV 微机分段保护装置2台、预留1台测控装置位置、预留2台交换机位置	面	1	

序号	设备名称	型号及规格	单位	数量	备注
(4)	220kV 母线保护柜	220kV 母线保护装置1台、预留2台交换机位置	面	2	
2	110kV 系统保护				
(1)	110kV 线路保护测控柜	110kV 线路保护测控装置2台	面	2	
(2)	110kV 母线保护柜	110kV 母线保护装置1台	面	1	
(3)	110kV 母联保护测控柜	110kV 母联保护测控装置1台	面	1	
3	故障录波装置柜	220kV 故障录波装置2台,主变压器故障录波装置2台,110kV 故障录波装置1台	面	3	
4	监控系统				
4.1	站控层设备				
(1)	主机兼操作员站柜		面	1	
(2)	Ⅰ区数据通信网关机柜	包括Ⅰ区通信网关机2台(每台配双电源模块),Ⅰ区站控层中心交换机2台,Ⅰ区/Ⅱ区防火墙2台	面	1	对设备双电源状态进行监测
(3)	Ⅱ/Ⅲ/Ⅳ区数据通信网关机柜	Ⅱ区通信网关机2台(每台配双电源模块),Ⅲ/Ⅳ区通信网关机1台,Ⅱ区站控层中心交换机2台	面	1	对设备双电源状态进行监测
(4)	综合应用服务器柜	包括综合服务器1台,正、反向隔离装置各1台	面	1	
(5)	站控层网络交换机及公用测控柜	4 光口/20 电口网络交换机4台,公用测控装置2台	面	1	
(6)	220kV 母线测控柜及站控层交换机柜	母线测控2台,站控层交换机4台	面	1	
(7)	110kV 母线测控柜及站控层交换机柜	母线测控2台,站控层交换机2台	面	1	
(8)	10kV 站控层交换机		台	4	安装于10kV 开关柜上
(9)	SCD 配置工具		套	1	
(10)	辅助材料(含缆材、光电转换等)		套	1	

序号	设备名称	型号及规格	单位	数量	备注
（11）	高级应用软件	变电站端自动化系统顺序控制；变电站保护信息远传显示；扩展防误闭锁功能应用；变电站端信息分类分层；智能告警；状态可视化；源端维护等功能	套	1	
（12）	网络打印机	本期及远景1台网络打印机、2台移动激光打印机（带移动小车），取消柜内打印机	套	2	
（13）	调度数据网设备柜	共两套，每套含：数据网交换机2台（每台配双电源模块），数据网接入路由器1台（配双电源模块），纵向加密认证2台（每台配双电源模块），网络安全监测装置1台（配双电源模块）	面	2	应对设备双电源状态进行监测
4.2	间隔层设备				
（1）	主变压器测控柜	每面含主变压器三侧及本体测控共4台	面	2	
（2）	220kV线路、母联测控装置		台	6	
（3）	10kV线路保护测控集成装置		台	16	安装于10kV线路开关柜上
（4）	10kV电容器保护测控集成装置		台	8	安装于10kV电容器开关柜上
（5）	10kV接地变保护测控集成装置		台	2	安装于10kV接地变开关柜上
（6）	10kV分段保护测控集成装置（含备自投功能）		台	1	安装于10kV分段开关柜上
（7）	10kV母线测控装置		台	2	安装于10kV PT开关柜上
（8）	10kV电压并列装置		台	1	安装于10kV隔离开关柜上
4.3	过程层设备				
（1）	智能终端				
	220kV母线智能终端		套	2	

序号	设备名称	型号及规格	单位	数量	备注
	220kV线路智能终端		套	8	
	220kV母联智能终端		套	2	
	220kV分段智能终端		套	2	
	110kV母线智能终端		套	2	
	主变压器220kV侧智能终端		套	4	
	主变压器本体智能终端		套	2	
（2）	合并单元				
	220kV母线合并单元		套	2	
	220kV线路合并单元		套	8	
	220kV母联合并单元		套	2	
	220kV分段合并单元		套	2	
	110kV母线合并单元		套	2	
	主变压器220kV侧合并单元		套	4	
	主变压器本体合并单元		套	4	
（3）	合智一体化装置				
	110kV线路合智一体化装置		套	4	
	110kV母联合智一体化装置		套	1	
	主变压器110kV侧、10kV侧合智一体化装置		套	8	

序号	设备名称	型号及规格	单位	数量	备注
(4)	220kV 过程层中心交换机	16 光口+4kMB 光口交换机	台	4	安装于 220kV 两面母线保护柜中
(5)	110kV 过程层交换机柜	16 光口+4kMB 光口交换机 6 台	面	1	
(6)	220kV 线路过程层交换机	16 光口交换机	台	8	安装在 220kV 线路保护测控柜
(7)	220kV 母联过程层交换机	16 光口交换机	台	2	安装在 220kV 母联保护测控柜
(8)	220kV 分段过程层交换机	16 光口交换机	台	2	安装在 220kV 分段保护测控柜
(9)	220kV 主变压器进线过程层交换机	16 光口交换机	台	4	安装在主变压器保护柜
(10)	110kV 主变压器进线过程层交换机	16 光口交换机	台	4	安装在主变压器保护柜
4.4	网络记录分析装置柜	分析装置 2 台、采集装置 4 台	面	2	
5	主变压器保护				
(1)	主变压器保护柜 1	主变压器保护装置 1 套、预留 2 台交换机位置	面	2	
(2)	主变压器保护柜 2	主变压器保护装置 1 套、预留 2 台交换机位置	面	2	
6	变电站时间同步系统				
(1)	时间同步主时钟柜	双钟冗余配置 2 套（每台配双电源模块）、天线 4 套（GPS 及北斗各 2 套）	面	1	应对设备双电源状态进行监测
(2)	时间同步扩展柜	安装在 110kV 预制舱和 220kV 预制舱	面	2	
7	一体化电源系统				
(1)	直流子系统				
	高频电源充电装置屏	微机型，GZD（W）型，7×20A（N），220V	面	2	

序号	设备名称	型号及规格	单位	数量	备注
	直流联络柜	微机型，GZD（W）型，含一体化电源监控	面	1	
	直流馈线柜	微机型，GZD（W）型	面	4	
	直流分屏	微机型，GZD（W）型	面	4	
	通信电源屏	DC/DC 转换 20A×4	面	2	
	直流系统通信线缆	屏蔽双绞线 200m，无金属光纤 200m	套	1	
(2)	UPS 电源子系统				
	UPS 电源柜	10kVA 2 台，并机方式；每面屏含 20 个馈线空开	面	2	
(3)	交流子系统				
	交流进线柜	每面含 ATS 开关 1 套，控制单元 1 套	面	2	
	交流馈线柜		面	4	
8	智能辅助控制系统				
(1)	智能辅助系统主机		面	1	
(2)	图像监视及安全警卫子系统	含视频监控服务器柜及摄像机等	套	1	
(3)	火灾报警子系统		套	1	
(4)	环境信息采集子系统		套	1	
(5)	高压脉冲电网	四区控制	套	1	
(6)	门禁系统		套	1	
9	计量系统				
(1)	主变压器电能表柜	含数字式多功能电能表 6 块（有功 0.5S，无功 2.0）	面	1	
(2)	220kV 线路电能表	含数字式多功能电能表 4 块（有功 0.5S，无功 2.0）	面	1	
(3)	110kV 线路电能表	含数字式多功能电能表 4 块（有功 0.5S，无功 2.0）	面	1	
(4)	10kV 电能表	电子式多功能电能表（有功 0.5S，无功 2.0）	块	26	安装于各间隔开关柜中

序号	设备名称	型号及规格	单位	数量	备注
（5）	电能量终端采集装置		套	1	安装于主变压器电能表柜中
10	泡沫消防控制柜		面	1	随泡沫消防系统提供
11	状态监测系统		套	1	
（1）	主变压器在线监测系统				
	主变压器油色谱在线监测IED	安装于就地布置的在线监测智能控制柜内	套	2	
	在线监测智能控制柜	每台主变压器1面，就地安装	面	2	
	主变压器油色谱在线监测系统软件	与综合服务器整合需要	套	1	
（2）	避雷器在线监测系统				
	避雷器在线监测传感器	安装在220kV侧避雷器	只	18	
	避雷器在线监测IED	安装在母线智能控制柜	台	1	
	避雷器在线监测系统软件	与综合服务器整合	套	1	
12	二次设备预制舱				
（1）	110kV二次设备预制舱	Ⅱ型（9200×2800×3200）mm	个	1	
（2）	220kV二次设备预制舱	Ⅲ型（12 200×2800×3200）mm	个	1	

序号	设备名称	型号及规格	单位	数量	备注
（3）	220kV集中接线柜	预留免融光配位置	面	2	
（4）	110kV集中接线柜	预留免融光配位置	面	1	
（5）	空屏柜		面	12	
13	其他材料				
（1）	火灾系统及图像监视安全及警卫系统用钢管	φ25	m	1500	
（2）	在线监测系统埋管	φ25	m	200	
（3）	24芯预制光缆（双端）	80根	m	8000	
（4）	4芯预制光缆（双端）	40根	m	2000	
（5）	24芯预制光缆连接器	含电缆头及配套组件	对	160	
（6）	4芯预制光缆连接器	含电缆头及配套组件	对	80	
（7）	控制电缆		km	15	
（8）	光缆跳线	1.5m/根	根	800	
（9）	光纤尾纤	20m/根	根	200	
（10）	监控系统屏蔽双绞线	超五类屏蔽双绞线（满足工程需要）	m	1000	
（11）	监控系统以太网线	超五类屏蔽以太网线（满足工程需要）	m	2000	

9.1　JB-220-A1-2（35）方案设计说明

本实施方案主要设计原则详见方案技术条件表（表 9-1），与通用设计无差异。

表 9-1　　　　JB-220-A1-2（35）方案主要技术条件表

序号	项目		技 术 条 件
1	建设规模	主变压器	本期 2 台 240MVA，远期 3 台 240MVA
		出线	220kV：本期 4 回，远期 8 回； 110kV：本期 4 回，远期 14 回； 35kV：本期 8 回，远期 12 回
		无功补偿装置	35kV 并联电抗器：本期无，远期无； 35kV 并联电容器：本期 4 组 20Mvar，远期 6 组 20Mvar
2	站址基本条件		海拔<1000m，设计基本地震加速度 0.10g，设计风速≤30m/s，地基承载力特征值 f_{ak}=150kPa，无地下水影响，场地同一设计标高
3	电气主接线		220kV 本期及远期均采用双母线接线； 110kV 本期及远期均采用双母线接线； 35kV 本期采用单母线接线，远期采用单母分段接线+单元接线
4	主要设备选型		220、110、35kV 短路电流控制水平分别为 50、40、25kA； 主变压器采用户外三绕组、有载调压电力变压器；220kV 采用户外 GIS；110kV 采用户外 GIS；35kV 采用开关柜；35kV 并联电容器采用框架式
5	电气总平面及配电装置		主变压器户外布置； 220kV：户外 GIS，全架空出线； 110kV：户外 GIS，全架空出线； 35kV：户内开关柜双列布置，电缆出线
6	二次系统		全站采用预制舱式二次组合设备、模块化二次设备、预制式智能控制柜及预制光电缆的二次设备模块化设计方案； 变电站自动化系统按照一体化监控设计； 采用常规互感器+合并单元； 220、110kV GOOSE 与 SV 共网，保护直采直跳； 220kV 及主变压器采用保护、测控独立装置，110kV 采用保护测控集成装置，35kV 采用保护测控集成装置； 采用一体化电源系统，通信电源不独立设置； 220、110kV 间隔层采用预制舱式二次组合设备，公用及主变压器二次设备布置在二次设备室

续表

序号	项目	技 术 条 件
7	土建部分	围墙内占地面积 1.0089hm²； 全站总建筑面积 715m²； 其中配电装置室面积 623m²； 建筑物结构型式为装配式钢框架结构； 建筑物外墙采用压型钢板复合板或纤维水泥复合板，内墙采用防火石膏板或轻质复合内墙板，屋面板采用钢筋桁架楼承板； 围墙采用大砌块围墙或装配式围墙或通透式围墙； 构、支架基础采用定型钢模浇筑，构支架与基础采用地脚螺栓连接

9.2　JB-220-A1-2（35）方案卷册目录

9.2.1　JB-220-A1-2（35）电气一次卷册目录（见表 9-2）

表 9-2　　　　JB-220-A1-2（35）电气一次卷册目录表

专业	序号	卷册编号	卷 册 名 称
电气一次	1	JB-220-A1-2（35）-D0101	电气一次施工图说明及主要设备材料清册
	2	JB-220-A1-2（35）-D0102	电气主接线图及电气总平面布置图
	3	JB-220-A1-2（35）-D0103	220kV 屋外配电装置
	4	JB-220-A1-2（35）-D0104	110kV 屋外配电装置
	5	JB-220-A1-2（35）-D0105	35kV 屋内配电装置
	6	JB-220-A1-2（35）-D0106	主变压器安装
	7	JB-220-A1-2（35）-D0107	35kV 并联电容器安装
	8	JB-220-A1-2（35）-D0108	接地变压器及其中性点设备安装
	9	JB-220-A1-2（35）-D0109	交流站用电系统及设备安装
	10	JB-220-A1-2（35）-D0110	全站防雷、接地施工图
	11	JB-220-A1-2（35）-D0111	全站动力及照明施工图
	12	JB-220-A1-2（35）-D0112	光缆/电缆敷设及防火封堵施工图

9.2.2 JB−220−A1−2（35）电气二次卷册目录（见表9−3）

表9−3　　　　JB−220−A1−2（35）电气二次卷册目录表

专业	序号	卷册编号	卷册名称
电气二次	1	JB−220−A1−2（35）−D0201	二次系统施工说明及设备材料清册
	2	JB−220−A1−2（35）−D0202	公用设备二次线
	3	JB−220−A1−2（35）−D0203	主变压器保护及二次线
	4	JB−220−A1−2（35）−D0204	220kV 线路保护及二次线
	5	JB−220−A1−2（35）−D0205	220kV 母联、母线保护及二次线
	6	JB−220−A1−2（35）−D0206	故障录波系统
	7	JB−220−A1−2（35）−D0207	110kV 线路保护及二次线
	8	JB−220−A1−2（35）−D0208	110kV 母联、母线保护及二次线
	9	JB−220−A1−2（35）−D0209	35kV 二次线
	10	JB−220−A1−2（35）−D0210	交直流电源系统
	11	JB−220−A1−2（35）−D0211	时间同步系统
	12	JB−220−A1−2（35）−D0212	智能辅助控制系统
	13	JB−220−A1−2（35）−D0213	火灾报警系统
	14	JB−220−A1−2（35）−D0214	设备状态监测系统
	15	JB−220−A1−2（35）−D0215	系统调度自动化
	16	JB−220−A1−2（35）−D0216	变电站自动化系统
	17	JB−220−A1−2（35）−D0217	站内通信

9.2.3 JB−220−A1−2（35）土建卷册目录（见表9−4）

表9−4　　　　JB−220−A1−2（35）土建卷册目录表

专业	序号	卷册编号	卷册名称
土建	1	JB−220−A1−2（35）−T0101	土建施工总说明及卷册目录
	2	JB−220−A1−2（35）−T0102	总平面布置图
	3	JB−220−A1−2（35）−T0201	35kV 配电装置室建筑施工图
	4	JB−220−A1−2（35）−T0202	35kV 配电装置室结构施工图
	5	JB−220−A1−2（35）−T0203	警卫室建筑施工图
	6	JB−220−A1−2（35）−T0204	警卫室结构施工图
	7	JB−220−A1−2（35）−T0205	泡沫消防间建筑施工图
	8	JB−220−A1−2（35）−T0206	泡沫消防间结构施工图
	9	JB−220−A1−2（35）−T0207	预制舱基础施工图
	10	JB−220−A1−2（35）−T0301	220kV 构（支）架及基础施工图
	11	JB−220−A1−2（35）−T0302	220kV GIS 基础图
	12	JB−220−A1−2（35）−T0303	110kV 构（支）架及基础施工图
	13	JB−220−A1−2（35）−T0304	110kV GIS 基础图
	14	JB−220−A1−2（35）−T0305	主变压器场区构（支）架及基础施工图
	15	JB−220−A1−2（35）−T0306	电容器基础施工图
	16	JB−220−A1−2（35）−T0307	接地变压器及消弧线圈基础施工图

9.3 JB-220-A1-2（35）方案主要图纸（见图9-1～图9-21）

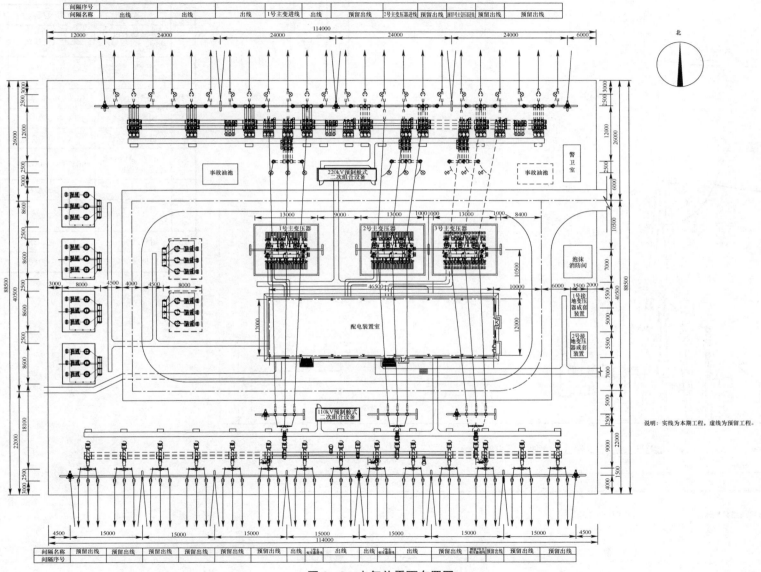

间隔序号											
间隔名称	出线	出线	出线	1号主变进线	出线	预留出线	2号主变压器进线	预留出线	预留3号主变压器进线	预留出线	预留出线

说明：实线为本期工程，虚线为预留工程。

间隔名称	预留出线	预留出线	预留出线	预留出线	预留出线	预留出线	出线	1号主变压器进线	出线	出线	预留2号主变压器进线	出线	预留出线	预留3号主变压器进线	预留出线	预留出线
间隔序号																

图9-2 电气总平面布置图

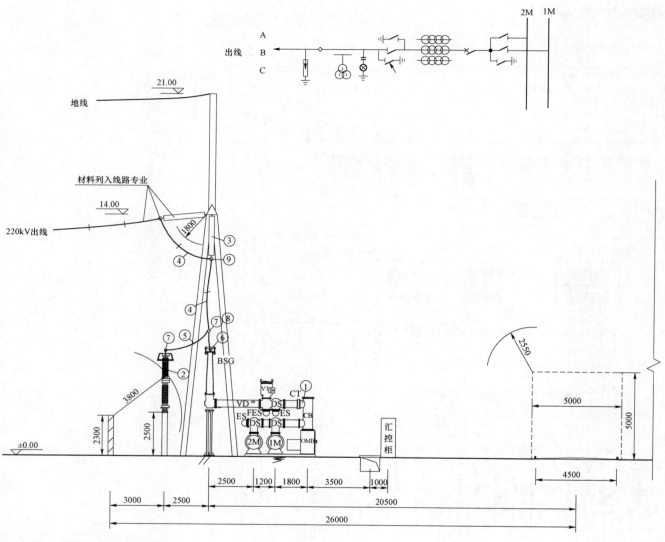

材　料　表

编号	名称	型号及规范	单位	数量	备注
①	220kV GIS 出线单元	见电气主接线	套	1×4	2GIS-4000/50-Z1
②	220kV 氧化锌避雷器	$Y_{10}W_5-204/532kV$	台	3×4	2MOA-204/532-Z1
③	悬垂绝缘子串	16（XWP_2-70）	串	3×4	与双导线连接
④	钢芯铝绞线	LGJ-630/55	m	80×4	
⑤	钢芯铝绞线	LGJ-300/25	m	6×4	
⑥	0°双导线铜铝过渡设备线夹	SSYG-630A/200	套	3×4	
⑦	0°铝设备线夹	SY-300A/25	套	6×4	
⑧	双导线 T 型线夹	TL-630/200	套	3×4	
⑨	耐张线夹	NY-630/55	套	6×4	
⑩	软母线间隔棒	MRJ-6/200	套	12×4	

说明：本工程220kV出线间隔共4个。

图 9-3　220kV 出线间隔断面图

31m 档距 LGJ－630/55 导线安装曲线表

温度（℃）	40	30	20	10	0	－10	－20
张力（N）	2159	2164	2170	2176	2181	2187	2193
弧垂（m）	1.490	1.487	1.484	1.481	1.479	1.476	1.473

材 料 表

编号	名称	型号及规范	单位	数量	备注
①	220kV GIS 主变进线单元	见电气主接线	套	1×2	2GIS－4000/50－Z1
②	220kV 氧化锌避雷器	$Y_{10}W_5-204/532kV$	台	3×2	2MOA－204/532－Z1
③	耐张绝缘子串	18（XWP_2-70）	串	3×2	与双导线连接
④	可调耐张绝缘子串	18（XWP_2-70）	串	3×2	与双导线连接
⑤	钢芯铝绞线	LGJ－630/55	m	220×2	
⑥	钢芯铝绞线	LGJ－300/25	m	12×2	
⑦	0°双导线铜铝过渡设备线夹	SSYG－630A/200	套	3×2	
⑧	0°铝设备线夹	SY－630A/55	套	6×2	
⑨	0°铝设备线夹	SY－300A/25	套	6×2	
⑩	T 型线夹	TL－630/55	套	12×2	
⑪	双导线单引下 T 型线夹	TL－630/200	套	3×2	
⑫	耐张线夹	NY－630/55	套	12×2	

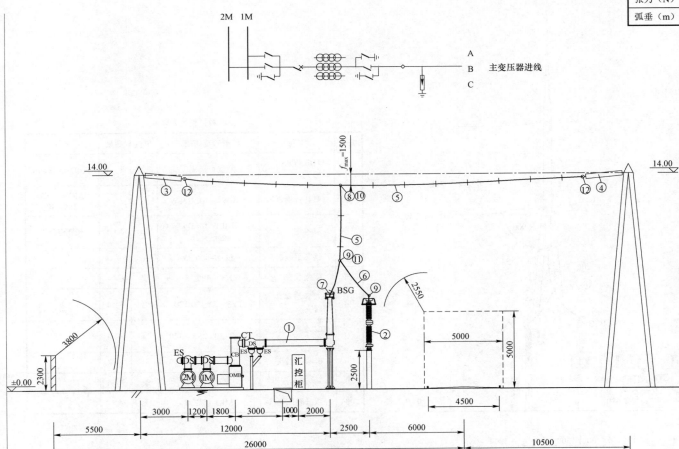

说明：本期工程 220kV 主变压器进线间隔共 2 个。

图 9－4　220kV 主变压器进线间隔断面图

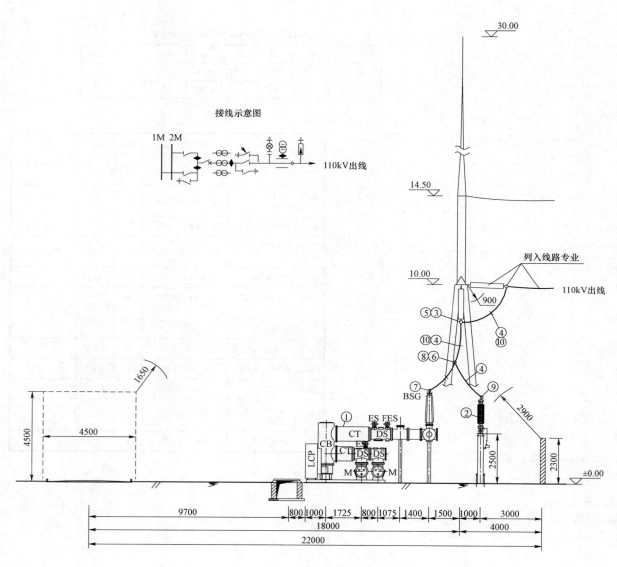

接线示意图

1M 2M

110kV出线

列入线路专业

110kV出线

材 料 表					
编号	名称	型号及规范	单位	数量	备注
①	110kVGIS 出线单元	配置见接线图	套	1×4	1GIS－3150/40
②	氧化锌避雷器	Y10W1－102/266W	只	3×4	1MOA－102/266－40
③	悬垂绝缘子串	11（U70BP/146D）与双导线连接	串	3×4	附组装金具
④	钢芯铝绞线	LGJ－300/25	m	80×4	
⑤	耐张线夹	NY－300/25	套	6×4	
⑥	双导线设备 T型线夹	TYS－2×300/120	套	3×4	
⑦	0°双导线设备线夹	SSY－300/25A－120	套	3×4	
⑧	0°设备线夹	SY－300/25A	套	3×4	
⑨	30°设备线夹	SY－300/25B	套	3×4	
⑩	双分裂间隔棒	MRJ－5/120	套	15×4	

说明：本期工程110kV出线间隔共4个。

图 9－5　110kV 出线间隔断面图

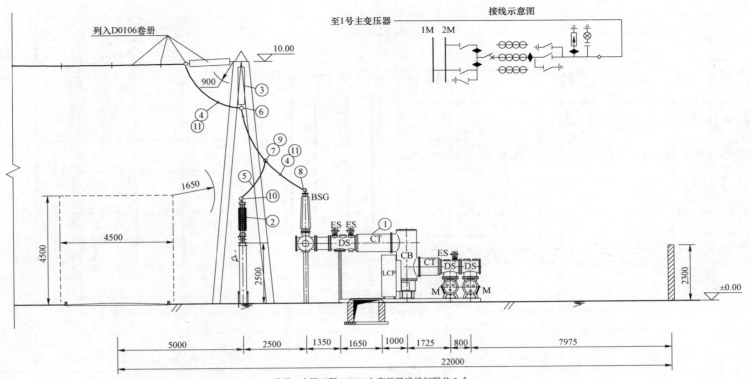

说明：本期工程110kV主变压器进线间隔共2个。

材 料 表

序号	名称	型号及规范	单位	数量	备注
1	110kVGIS 主变单元	配置见接线图	套	1×2	1GIS－3150/40
2	氧化锌避雷器	Y10W1－102/266W	只	3×2	1MOA－102/266－40
3	悬垂绝缘子串	11（U70BP/146D）与双导线连接	串	3×2	附组装金具
4	钢芯铝绞线	LGJ－630/55	m	80×2	
5	钢芯铝绞线	LGJ－300/25	m	30×2	
6	耐张线夹	NY－630/55	套	6×2	
7	双导线设备 T 型线夹	TYS－2×630/200	套	3×2	
8	0°双导线设备线夹	SSY－630/55A－200	套	3×2	
9	0°设备线夹	SY－300/25A	套	3×2	
10	30°设备线夹	SY－300/25B	套	3×2	
11	双分裂间隔棒	MRJ－6/200	套	15×2	

图 9－6　110kV 主变压器进线间隔断面图

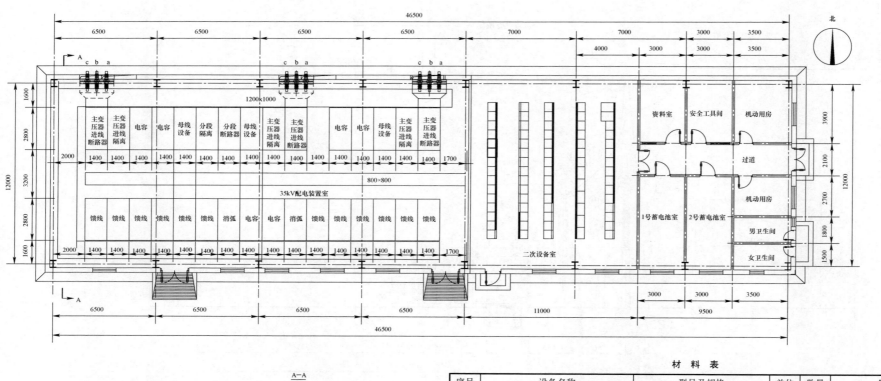

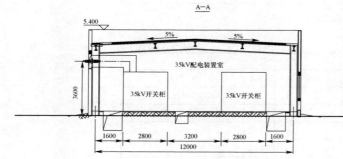

说明：实线为本期工程，虚线为预留工程。

材 料 表

序号	设备名称		型号及规格	单位	数量	备注
1	手车式开关柜	主变压器进线断路器间隔	配置见 02 图	面	2	通用设备
2		主变压器进线隔离间隔	配置见 02 图	面	2	
3		出线间隔	配置见 03 图	面	8	
4		分段开关间隔	配置见 02 图	面	1	
5		分段隔离间隔	配置见 02 图	面	1	
6		母线设备间隔	配置见 02 图	面	2	
7		接地变间隔	配置见 02 图	面	2	
8		电容器间隔	配置见 02 图	面	4	
9	母线桥支线		35kV，4000A，40kA/4s	m	～14	由开关柜厂家提供
10	穿墙套管		CWW－35/4000－4，纯瓷	只	6	
11	专用接地电磁锁		AC220V	套	2	每段母线 1 套
12	穿墙套管安装材料		详见本卷册 04	套	6	

图 9－7　35kV 屋内配电装置平面布置图

国网冀北电力有限公司输变电工程通用设计　220kV 智能变电站模块化建设

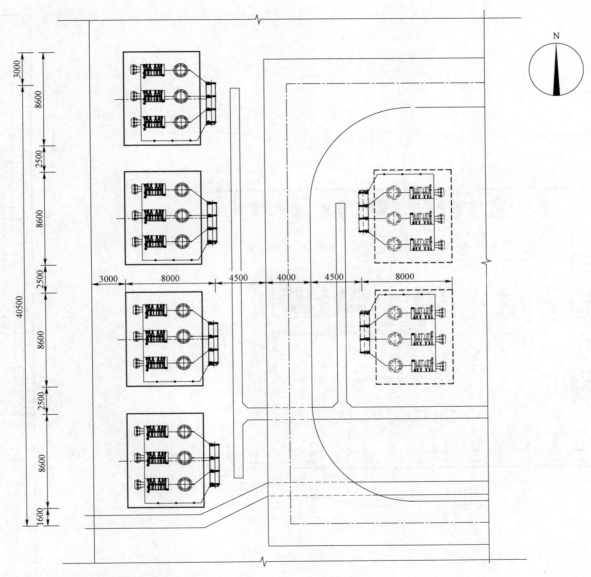

说明：1. 虚线部分为远期建设内容。

2. 远期每台主变压器低压侧配置 220Mvar 并联电容器，本期建设 1 号、2 号主变压器下 4 组 20Mvar 的并联电容器成套装置。

图 9-8   35kV 并联电容器组平面布置图

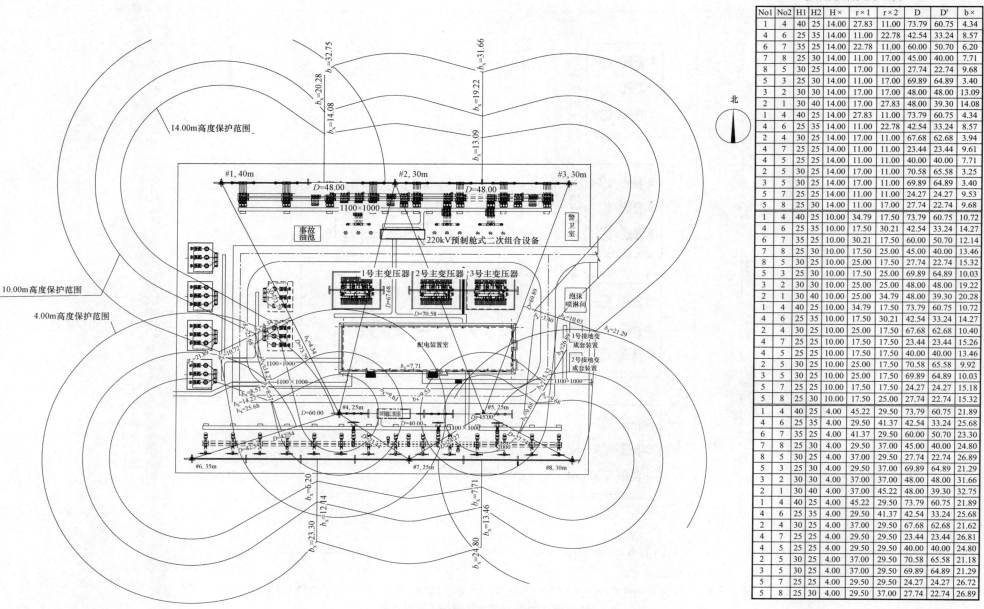

多针保护计算结果（单位：m）

No1	No2	H1	H2	H×	r×1	r×2	D	D'	b×
1	4	40	25	14.00	27.83	11.00	73.79	60.75	4.34
4	6	25	35	14.00	11.00	22.78	42.54	33.24	8.57
6	7	35	25	14.00	22.78	11.00	60.00	50.70	6.20
7	8	25	30	14.00	11.00	17.00	45.00	40.00	7.71
8	5	30	25	14.00	17.00	11.00	27.74	22.74	9.68
5	3	25	30	14.00	11.00	17.00	69.89	64.89	3.40
3	2	30	30	14.00	17.00	17.00	48.00	48.00	13.09
2	1	30	40	14.00	17.00	27.83	48.00	39.30	14.08
1	4	40	25	14.00	27.83	14.00	73.79	60.75	4.34
4	6	25	35	14.00	14.00	22.78	42.54	33.24	8.57
2	4	30	25	14.00	17.00	11.00	67.68	62.68	3.94
4	7	25	25	14.00	11.00	11.00	23.44	23.44	9.61
4	5	25	25	14.00	11.00	11.00	40.00	40.00	7.71
2	5	30	25	14.00	17.00	11.00	70.58	65.58	3.25
3	5	30	25	14.00	17.00	11.00	69.89	64.89	3.40
5	7	25	25	14.00	11.00	11.00	24.27	24.27	9.53
5	8	25	30	14.00	11.00	17.00	27.74	22.74	9.68
1	4	40	25	10.00	34.79	17.50	73.79	60.75	10.72
4	6	25	35	10.00	17.50	30.21	42.54	33.24	14.27
6	7	35	25	10.00	30.21	17.50	60.00	50.70	12.14
7	8	25	30	10.00	17.50	25.00	45.00	40.00	13.46
8	5	30	25	10.00	25.00	17.50	27.74	22.74	15.32
5	3	25	30	10.00	17.50	25.00	69.89	64.89	10.03
3	2	30	30	10.00	25.00	25.00	48.00	48.00	19.22
2	1	30	40	10.00	25.00	34.79	48.00	39.30	20.28
1	4	40	25	10.00	34.79	17.50	73.79	60.75	10.72
4	6	25	35	10.00	17.50	30.21	42.54	33.24	14.27
2	4	30	25	10.00	25.00	17.50	67.68	62.68	10.40
4	7	25	25	10.00	17.50	17.50	23.44	23.44	15.26
4	5	25	25	10.00	17.50	17.50	40.00	40.00	13.46
2	5	30	25	10.00	25.00	17.50	70.58	65.58	9.92
3	5	30	25	10.00	25.00	17.50	69.89	64.89	10.03
5	7	25	25	10.00	17.50	17.50	24.27	24.27	15.18
5	8	25	30	10.00	17.50	25.00	27.74	22.74	15.32
1	4	40	25	4.00	45.22	29.50	73.79	60.75	21.89
4	6	25	35	4.00	29.50	41.37	42.54	33.24	25.68
6	7	35	25	4.00	41.37	29.50	60.00	50.70	23.30
7	8	25	30	4.00	29.50	37.00	45.00	40.00	24.80
8	5	30	25	4.00	37.00	29.50	27.74	22.74	26.89
5	3	25	30	4.00	29.50	37.00	69.89	64.89	21.29
3	2	30	30	4.00	37.00	37.00	48.00	48.00	31.66
2	1	30	40	4.00	37.00	45.22	48.00	39.30	32.75
1	4	40	25	4.00	45.22	29.50	73.79	60.75	21.89
4	6	25	35	4.00	29.50	41.37	42.54	33.24	25.68
2	4	30	25	4.00	37.00	29.50	67.68	62.68	21.62
4	7	25	25	4.00	29.50	29.50	23.44	23.44	26.81
4	5	25	25	4.00	29.50	29.50	40.00	40.00	24.80
2	5	30	25	4.00	37.00	29.50	70.58	65.58	21.18
3	5	30	25	4.00	37.00	29.50	69.89	64.89	21.29
5	7	25	25	4.00	29.50	29.50	24.27	24.27	26.72
5	8	25	30	4.00	29.50	37.00	27.74	22.74	26.89

图9-9　全站防直击雷保护布置图

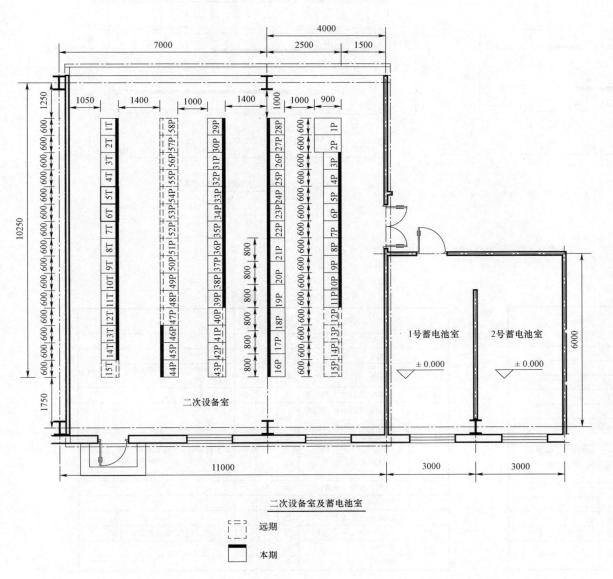

图 9—10 二次设备室屏位布置图

二次设备室屏位一览表

符号	名称	数量			备注
		单位	本期	远景	
1P	监控主站兼操作员站柜	面	1		2台主机
2P	综合应用服务器柜	面	1		1台主机+正反向隔离2台
3P	智能辅助控制系统柜	面	1		
4P	Ⅰ区远动通信柜	面	1		2台Ⅰ区网关机、2台交换机2台防火墙
5P	Ⅱ、Ⅲ/Ⅳ区远动通信柜	面	1		2台Ⅱ区、1台Ⅲ/Ⅳ区网关机、2台交换机
6P	公用测控柜	面	1		2台公用测控+4台站控层交换机
7~8P	调度数据网设备柜	面	2		2台路由器、4台数据网交换机、4台纵向加密装置
9P	时间同步主时钟屏	面	1		
10~11P	网络记录分析仪柜	面	2		
12~15P	备用	面		4	
16~21P	交流进、馈线柜	面	6		
22~28P	直流充、馈线柜	面	7		
29~30P	通信电源柜	面	2		
31~32P	UPS电源系统柜	面	2		
33~34P	1号主变保护柜	面	2		
35P	1号主变测控柜	面	1		
36~37P	2号主变保护柜	面	2		
38P	2号主变测控柜	面	1		
39P	泡沫消防控制柜	面	1		
40~41P	3号主变保护柜	面		2	
42P	3号主变测控柜	面		1	
43P	泡沫消防控制柜2	面		1	
44P	主变故障录波柜	面	1		
45P	电能采集及主变电能表柜	面	1		
46P	35kV消弧线圈控制柜	面	1		
47P	主变电能表柜2	面		1	
48P	35kV消弧线圈控制柜2	面		1	
49~58P	备用	面		10	
1~15T	通信柜范围	面	15		

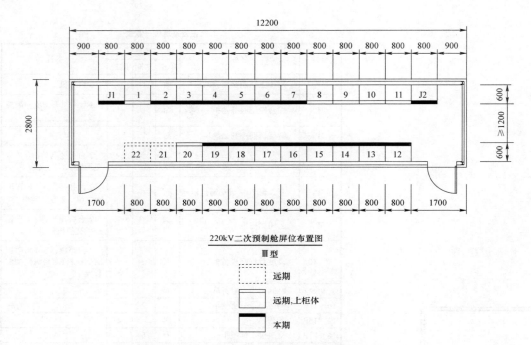

220kV二次预制舱屏位布置图
Ⅲ型

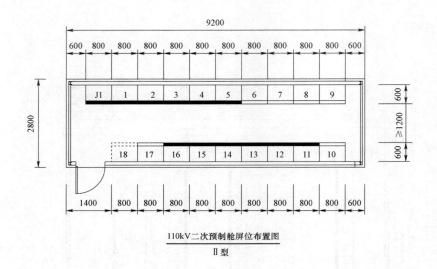

110kV二次预制舱屏位布置图
Ⅱ型

远期

远期,上柜体

本期

220kV 二次预制舱屏位一览表

符号	名称	数量			备注
		单位	本期	远景	
1	220kV 母联保护测控柜 2	面		1	
2	220kV 母联保护测控柜	面	1		
3	220kV 分段保护测控柜	面	1		
4~7	220kV 线路保护测控柜	面	4		
8~11	220kV 线路保护测控柜（远期）	面		4	
12~13	直流分电柜	面	2		
14~15	220kV 母线保护柜	面	2		每面：母线保护+过程层中心交换机 2 台
16	220kV 母线测控柜	面	1		2 台母线+2 台站控层交换机 电压并列（结合工程实际，需要时配置）
17	220kV 故障录波柜	面	1		
18	时间同步系统分柜	面	1		
19	220kV 电能表柜	面	1		
20	220kV 关口电能表柜	面		1	结合工程实际，需要时配置
21~22	备用	面		2	
J1~J2	集中接线柜	面	2		

110kV 二次预制舱屏位一览表

符号	名称	数量			备注
		单位	本期	远景	
1	110kV 母联保护测控柜	面	1		
2	110kV 母线保护柜	面	1		
3	110kV 过程层交换机柜	面	1		过程层中心交换机 6 台（A 网 5 台，B 网 1 台）
4~5	110kV 线路保护测控柜	面	2		
6~10	110kV 线路保护测控柜（远期）	面		5	
11~12	直流分电柜	面	2		
13	110kV 母线测控柜	面	1		2 台母线+2 台站控层交换机 电压并列（结合工程实际，需要时配置）
14	110kV 故障录波柜	面	1		
15	时间同步系统分柜	面	1		
16	110kV 电能表柜	面	1		
17	110kV 关口电能表柜	面		1	结合工程实际，需要时配置
18	备用	面		1	
J1	集中接线柜	面	1		

图 9-11 预制舱式二次组合设备屏位布置图

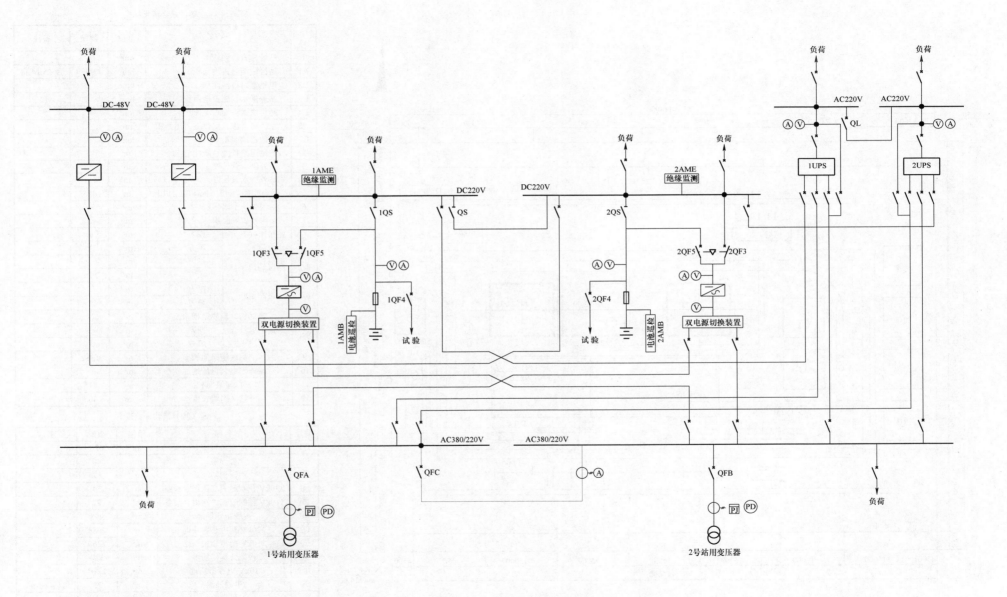

图 9-13　一体化电源系统配置图

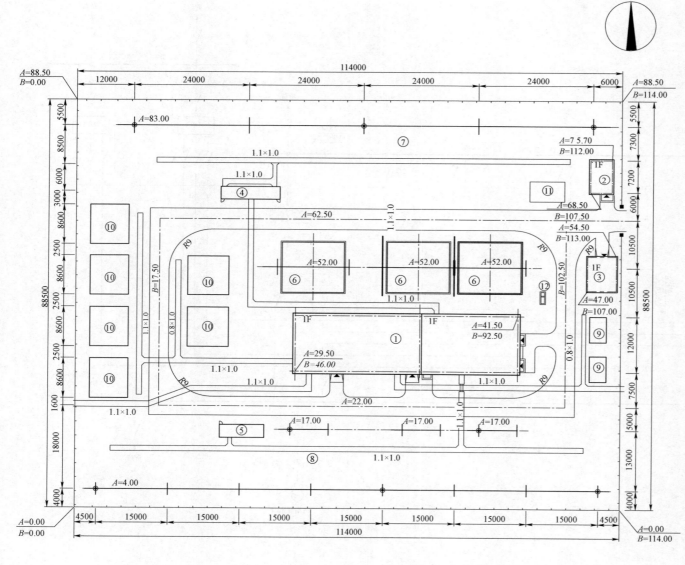

主要技术经济指标表

序号	名称	单位	数量	备注
1	站址总占地面积	hm²		
1.1	站区围墙内占地面积	hm²	1.0089	合 15.14 亩
1.2	进站道路占地面积	hm²		
1.3	站外供水设施占地面积	hm²		
1.4	站排洪水设施占地面积	hm²		
1.5	站外防（排）洪设施占地面积	hm²		
1.6	其他占地面积	hm²		
2	进站道路长度（新建/改造）	m		
3	站外供水管长度	m		
4	站外排水管长度	m		
5	站内电缆沟长度(0.8m×0.8m 以上)	m	485	
6	站内外挡土墙体积	m³		
7	站内外护坡面积	m²		
8	站址土（石）方量	挖方（一）	m³		
		填方（+）	m³		
8.1	站区场地平整	挖方（一）	m³		
		填方（+）	m³		
8.2	进站道路	挖方（一）	m³		
		填方（+）	m³		
8.3	建（构）筑物基槽余土	m³		
8.4	站址土方综合平衡	挖方（一）	m³		
		填方（+）	m³		
9	站内道路面积	m²	1382	
10	屋外配电装置场地面积	m²		
11	总建筑面积	m²	715	
12	站区围墙长度	m	405	

建（构）筑物一览表

编号	名称	单位	数量	备注
①	配电装置室	m²	623	
②	警卫室	m²	40	
③	泡沫消防间	m²	52	
④	220kV 预制舱式二次组合设备	m²	34	
⑤	110kV 预制舱式二次组合设备	m²	27	
⑥	主变压器场地	m²	998	
⑦	220kV 配电装置场地	m²	2683	
⑧	110kV 配电装置场地	m²	2260	
⑨	接地变压器场地	m²	320	
⑩	10kV 电容器场地	m²	1290	
⑪	事故油池	m²	23	1 座 65m³
⑫	化粪池	m²	4	

图 9-14　土建总平面

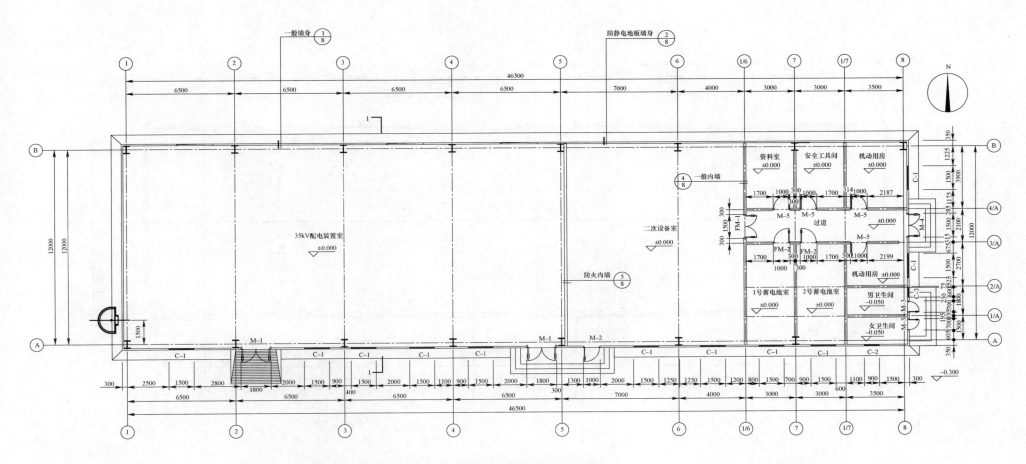

图 9-15 配电装置室平面布置图

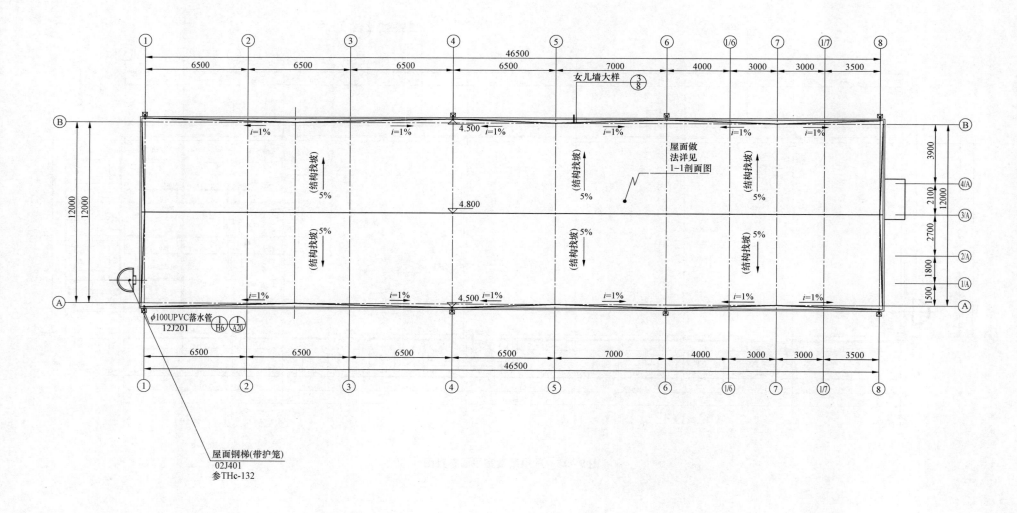

图 9−16 配电装置室屋面排水图

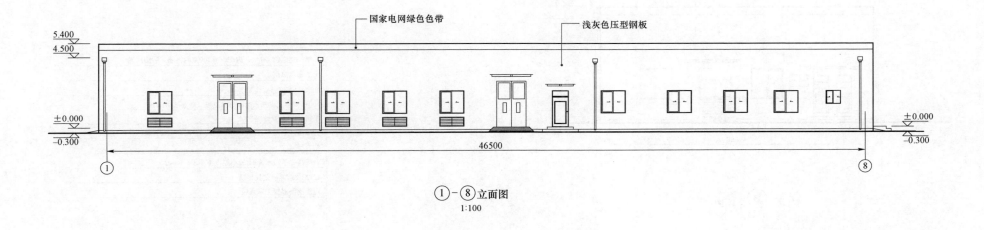

国家电网绿色色带   浅灰色压型钢板

5.400
4.500

±0.000   ±0.000
−0.300   −0.300

46500

① ⑧

①-⑧立面图
1:100

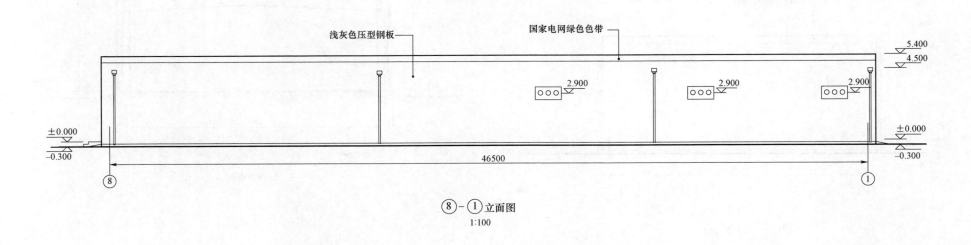

浅灰色压型钢板   国家电网绿色色带

5.400
4.500

2.900   2.900   2.900

±0.000   ±0.000
−0.300   −0.300

46500

⑧ ①

⑧-①立面图
1:100

图 9-17 配电装置室立面图

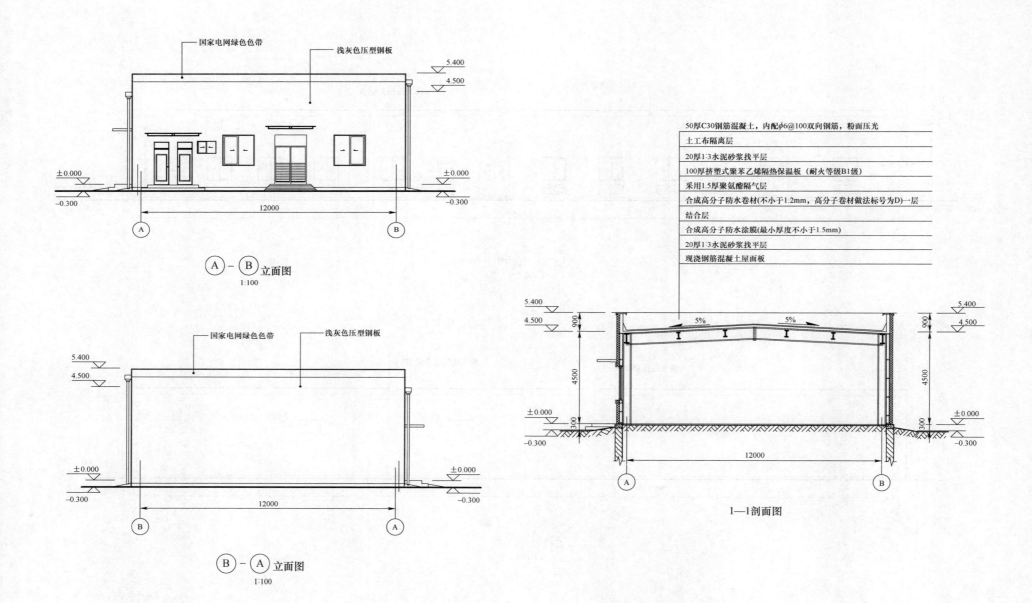

国家电网绿色色带 　浅灰色压型钢板

5.400
4.500

±0.000
−0.300

±0.000
−0.300

12000

Ⓐ　　　　　　　Ⓑ

Ⓐ-Ⓑ 立面图
1:100

国家电网绿色色带 　浅灰色压型钢板

5.400
4.500

±0.000
−0.300

±0.000
−0.300

12000

Ⓑ　　　　　　　Ⓐ

Ⓑ-Ⓐ 立面图
1:100

50厚C30钢筋混凝土，内配φ6@100双向钢筋，粉面压光
土工布隔离层
20厚1:3水泥砂浆找平层
100厚挤塑式聚苯乙烯隔热保温板（耐火等级B1级）
采用1.5厚聚氨酯隔气层
合成高分子防水卷材(不小于1.2mm，高分子卷材做法标号为D)一层
结合层
合成高分子防水涂膜(最小厚度不小于1.5mm)
20厚1:3水泥砂浆找平层
现浇钢筋混凝土屋面板

5.400
4.500

900

5%　　　5%

5.400
4.500

900

4500

4500

±0.000

300

±0.000

300

−0.300

−0.300

12000

Ⓐ　　　　　　　Ⓑ

1—1剖面图

图 9−18　配电装置室立剖面图

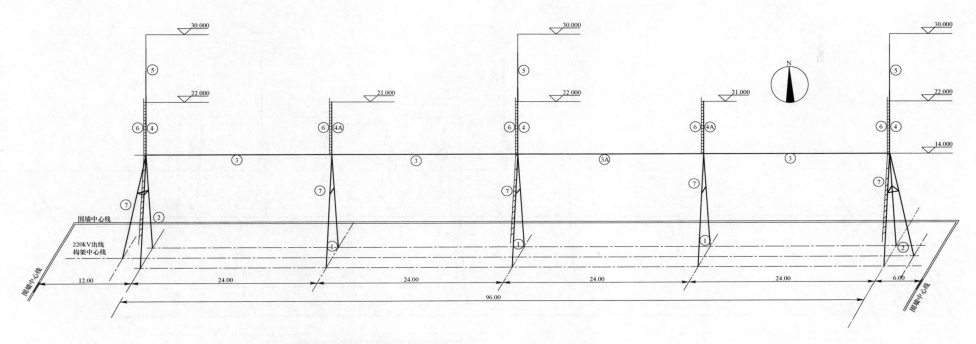

220kV 配电装置构架主要技术经济指标表

编号	构件名称	构件编号	单位	数量
1	14.0m 高 A 型构架柱	RZ－1	组	3
2	14.0m 高构架柱（带端撑）	DCZ－1	组	2
3	构架梁（L=24.0m）	GL－1	根	3
3A	构架梁（L=24.0m）	GL－2	根	1
4	8.0m 高地线柱	DZ－1	根	3
4A	7.0m 高地线柱	DZ－2	根	2
5	9.0m 高构架避雷针	P－1	根	3
6	7.0m 高钢爬梯	PT－1	副	5
7	14.0m 高钢爬梯	PT－2	副	3
8	走道板	GD	副	4

说明：1. 图中标高以 m 计，尺寸均以 mm 计。
2. 图中标注梁的标高均为梁底标高。
3. 主材规格和重量以分卷册为准。

图 9－19　220kV 构架透视图

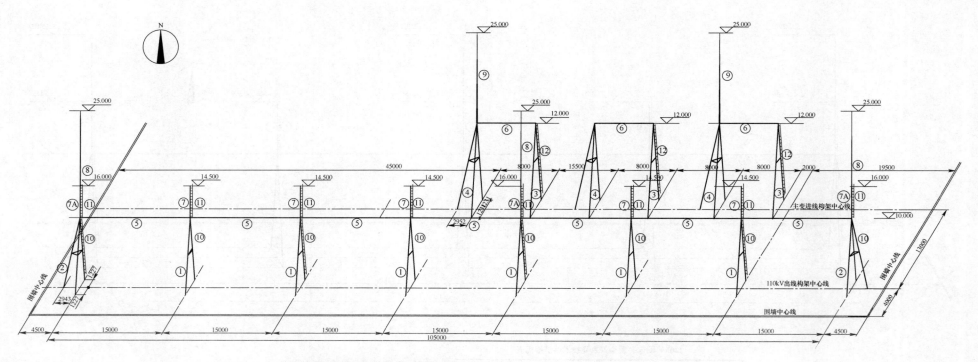

110kV配电装置构架主要技术经济指标表

编号	构件名称	构件编号	单位	数量
1	10.0m 高 A 型构架柱	RZ-1	组	6
2	10.0m 高构架柱（带端撑）	DCZ-1	组	2
3	12.0m 高 A 型构架柱	RZ-2	组	3
4	12.0m 高构架柱（带端撑）	DCZ-2	组	3
5	构架梁（L=15.0m）	GL-1	根	7
6	构架梁（L=8.0m）	GL-2	根	3
7	4.5m 高地线柱	DZ-1	根	5
7A	6m 高地线柱	DZ-2	根	3
8	9m 高构架避雷针	P-1	根	3
9	13m 高构架避雷针	P-2	根	2
10	10.0m 高钢爬梯	PT-1	副	4
11	4.5m 高钢爬梯	PT-2	副	8
12	12.0m 高钢爬梯	PT-3	副	3

说明：1. 图中标高以 m 计，尺寸均以 mm 计。

2. 图中标注梁的标高均为梁底标高。

3. 主材规格和重量详见各详图。

图 9-20　110kV 构架透视图

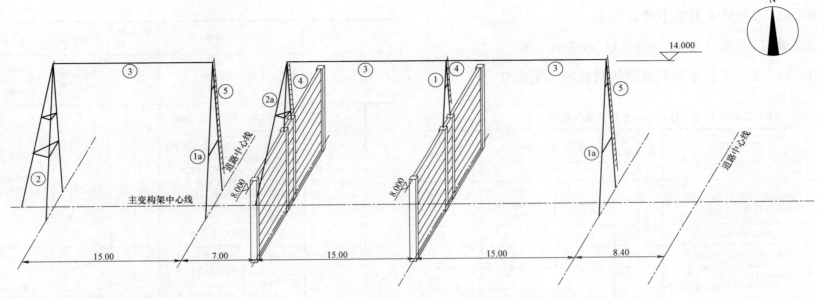

主变构架主要技术经济指标表

编号	构件名称	构件编号	单位	数量
1	8.0m 防火墙上构架柱	RZ-1	组	1
1a	14.0m 高人字柱	RZ-2	组	2
2	14.0m 高构架柱（带端撑）	DCZ-1	组	1
2a	14.0m 高构架柱（带端撑）	DCZ-2	组	1
3	构架梁（L=15.0m）	GL-1	根	3
4	8.0m 高防火墙钢爬梯	PT-1	副	2
5	14.0m 高钢爬梯	PT-2	副	2

说明：1. 图中标高以 m 计，尺寸均以 mm 计。
2. 图中标注梁的标高均为梁底标高。

图 9-21　主变压器构架透视图

9.4　JB-220-A1-2（35）方案主要计算书

二次的直流计算书、交流计算书、土建计算书见附件光盘。

9.5　JB-220-A1-2（35）方案主要设备材料表（见表9-5）

表9-5　　　　JB-220-A1-2（35）方案主要设备材料表

序号	产品名称	型号及规格	单位	数量	物料编码	固化 ID	备注
（一）	变压器						
1.1	220kV 电力变压器	2400000/220 户外，三相，三绕组，有载调压，自冷	台	2	500000795	9906-500000795-00019	
		240/240/120MVA					
		220±8×1.25%/115/37kV					
		YNyn0d11					
		$U_{1\%-2\%}=14$					
		$U_{1\%-3\%}=23$（归算至全容量）					
		$U_{2\%-3\%}=8$（归算至全容量）					
		附套管电流互感器（每相）：					
		220kV 中压侧中性点：LRB-110 600/1A 5P30/5P30					
		110kV 中压侧中性点：LRB-66 600/1A 5P30/5P30					
		外绝缘爬距：220kV 套管不小于 6300mm					
		110kV 套管不小于 3150mm					
		35kV 套管不小于 1256mm					
		配智能状态在线检测装置					
1.2	接地变压器消弧线圈成套装置	35kV 户外组合柜式，预调式，干式接地变压器：1500/315kVA，37±2×2.5%/0.4kV，Zyn11 接线	套	2	接地变压器 5001137	9906-500102053-00004	
		消弧线圈：1100kVA			消弧线圈 50000758	9906-500102053-00004	
		外绝缘爬电距离：1256mm					
1.3	主变压器 220kV 中性点组合式设备	126kV，主变压器中性点间隙电流互感器：10kV 200/1A，5P20/5P20 主变压器中性点隔离开关：126kV，630A，附电动机构 氧化锌避雷器：YH1.5W-144/260，附监测器 主变压器中性点放电间隙	套	2	500070607	9906-500070607-00011	
1.4	主变压器 110kV 中性点组合式设备	72.5kV 主变压器中性点间隙电流互感器：10kV，200/1A，5P20/5P20 主变压器中性点隔离开关：72.5kV，630A，附电动机构 主变压器中性点氧化锌避雷器：YH1.5W-72/186，附监测器	套	2	500070509	9906-500070509-00002	
2	220kV 部分主设备						
2.1	220kV 智能组合电器	户外 SF$_6$ 气体绝缘全密封（GIS）	套	4	500005263	9906-500005263-00002	架空出线间隔
		断路器三相分箱，母线三相共箱布置：252kV，$I_N=3150A$，50kA/3s					
		每套含：					
		断路器：3150A，50kA/3s，1 台					
		隔离开关：3150A，50kA/3s，3 组					
		接地开关：3150A，50kA/3s，2 组					

序号	产品名称	型号及规格	单位	数量	物料编码	固化 ID	备注
		快速接地开关：50kA/3s，1 组					
		电流互感器：2000～4000A，0.2S/0.2S/ 5P30/5P30 50kA/3s，10/10/10/10VA 3 只					
		带电显示器（三相）：1 套					
		电压互感器（A 相）：220/$\sqrt{3}$ kV，0.5（3P）/0.5（3P），10/10VA 1 只 附可拆卸隔离端口					
		套管：3150A，外绝缘爬电距离不小于 6300mm，1 套					
		间隔绝缘盆、法兰等附件					
2.2	220kV 智能组合电器	户外 SF$_6$ 气体绝缘全密封（GIS）	套	2	500004649	9906—500004649—00016	主变压器进线间隔
		断路器三相分箱，母线三相共箱布置：252kV，I_N=3150A，50kA/3s					
		每套含：					
		断路器：3150A，50kA/3s，1 台					
		隔离开关：3150A，50kA/3s，3 组					
		接地开关：3150A，50kA/3s，3 组					
		电流互感器：2000～4000A，0.2S/0.2S/5P30/5P30 50kA/3s，10/10/10/10VA，3 只					
		套管：3150A，外绝缘爬电距离不小于 6300mm，1 套					
		带电显示器（三相）：1 套					
		间隔绝缘盆、法兰等附件					

序号	产品名称	型号及规格	单位	数量	物料编码	固化 ID	备注
2.3	220kV 智能组合电器	户外 SF$_6$ 气体绝缘全密封（GIS）	套	2	500006220	9906—500006220—00004	母联间隔
		断路器三相分箱，母线三相共箱布置：252kV，I_N=3150A，50kA/3s					
		每套含：					
		断路器：2000～4000A，50kA/3s，1 台					
		隔离开关：3150A，50kA/3s，2 组					
		接地开关：3150A，50kA/3s，2 组					
		电流互感器：2000～4000A，0.2S/0.2S/5P30/5P30，10/10/10/10VA，50kA/3s，3 只					
		间隔绝缘盆、法兰等附件					
2.4	220kV 智能组合电器	户外 SF$_6$ 气体绝缘全密封（GIS）	套	3	500114899	9906—500114899—00002	母线设备间隔
		三相共箱布置：252kV，I_N=3150A，50kA/3s					
		每套含：					
		隔离开关：3150A，50kA/3s，1 组					
		接地开关：3150A，50kA/3s，1 组					
		快速接地开关：50kA/3s，1 组					
		电压互感器：220/$\sqrt{3}$ kV，0.2/0.5（3P）/0.5（3P）/6P，10/10/10/10VA，3 只					

序号	产品名称	型号及规格	单位	数量	物料编码	固化ID	备注
		间隔绝缘盆、法兰等附件					
		智能状态在线监测装置，1套					
2.5	220kV 智能组合电器	户外 SF_6 气体绝缘全密封（GIS）	套	1	500006213	9906—500006213—00001	分段间隔
		三相共箱布置 252kV 3150A					
		252kV，I_N=3150A，50kA/3s					
		每套含：					
		隔离开关：3150A，50kA/3s，2组					
		接地开关：3150A，50kA/3s，2组					
		电流互感器：（2500～4000）/1A，0.2S/5P，5P 3 只，0.2S 3 只					
		汇控柜 1 面，内部安装智能组件、合并单元等					
2.6	220kV 氧化锌避雷器	瓷柱式	台	18	500027164	9906—500027164—00013	
		标称放电电流：10kA，额定电压 216kV					
		标称雷电冲击电流下的最大残压 562kV					
		外绝缘爬电距离：6300mm					
		附智能状态在线监测装置 1套					
2.7	220kV 智能组合电器主母线	户外 SF_6 气体绝缘全密封（GIS）	m	100			

序号	产品名称	型号及规格	单位	数量	物料编码	固化ID	备注
		三相分箱布置					
3	110kV 部分主设备						
3.1	智能组合电器	户外 SF_6 气体绝缘全密封（GIS）	套	4	500006103	9906—500006103—00013	架空出线间隔
		三相共箱布置 126kV，2000A，40kA/3s					
		每套含：					
		断路器：2000A，40kA/3s，1 台					
		隔离开关：2000A，40kA/3s，3 组					
		接地开关：2000A，40kA/3s，2 组					
		快速接地开关：40kA/3s，1 组					
		电流互感器：（1000～2000）/1A，5P30/0.2S，10/10VA，3 只					
		带电显示器：1 套					
		电压互感器（A 相）：110/$\sqrt{3}$ kV，0.5（3P），10VA，1 只 附可拆卸隔离断口					
		套管：2000A，外绝缘爬电距离不小于 3150mm，1 套					
		间隔绝缘盆、法兰等附件					
3.2	集成式智能组合电器	户外 SF_6 气体绝缘全密封（GIS）	套	2	500006107	9906—500006107—00006	主变压器进线间隔

序号	产品名称	型号及规格	单位	数量	物料编码	固化ID	备注
		三相共箱布置 126kV，2000A，40kA/3s					
		每套含：					
		断路器：2000A，40kA/3s，1台					
		隔离开关：2000A，40kA/3s，3组					
		接地开关：2000A，40kA/3s，3组					
		电流互感器：（1000~2000）/1A，0.2S/0.2S/5P30/5P30，10/10/10/10VA，3只					
		带电显示器：1套					
		套管：2000A，外绝缘爬电距离不小于3150mm，1套					
		间隔绝缘盆、法兰等附件					
3.3	集成式智能组合电器	户外SF$_6$气体绝缘全密封（GIS）	套	1	500006111	9906—500006111—00003	母联间隔
		三相共箱布置：126kV，2000A，40kA/3s					
		每套含：					
		断路器，2000A，40kA/3s，1台					
		隔离开关：2000A，40kA/3s，2组					
		接地开关：2000A，40kA/3s，2组					
		电流互感器：（1000~2000）/1A，0.2S/5P30，10/10VA，3只					
		间隔绝缘盆、法兰等附件					
3.4	集成式智能组合电器	户内SF$_6$气体绝缘全密封（GIS）	套	2	500114495	9906—500114495—00012	母线设备间隔
		三相共箱布置：126kV，2000A，40kA/3s					
		每套含：					
		隔离开关：2000A，40kA/3s，1组					
		接地开关：2000A，40kA/3s，1组					
		快速接地开关：40kA/3s，1组					
		电压互感器：110/$\sqrt{3}$ kV，0.2/0.5（3P）/0.5（3P）/6P，10/10/10/10VA，3只					
		间隔绝缘盆、法兰等附件					
3.5	110kV智能组合电器分主母线	户外SF$_6$气体绝缘全密封（GIS）	m	60			
		三相分箱布置					
3.6	110kV氧化锌避雷器	瓷柱式	台	18	500031863	9906—500031863—00012	
		标称放电电流：10kA，额定电压108kV					
		标称雷电冲击电流下的最大残压281kV					
		外绝缘爬电距离：3150mm					
		附智能状态在线监测装置1套					

序号	产品名称	型号及规格	单位	数量	物料编码	固化ID	备注
4	35kV部分主设备						
4.1	35kV开关柜	金属铠装移开式高压开关柜	台	2	500002476	9906—500002476—00022	主变进线柜
		真空断路器，40.5kV，2500A，25kA，1台					
		带电显示器，1套					
		柜宽：1400mm					
4.2	35kV开关柜	金属铠装移开式高压开关柜	台	2	500090236		主变隔离柜
		隔离手车，40.5kV，2500A，25kA，1台					
		电流互感器：2500/1A，5P20/5P20/0.2S/0.2S，10/10/10/10VA，3只					
		带电显示器，1套					
		柜宽：1400mm					
4.3	35kV开关柜	金属铠装移开式高压开关柜	台	12	500002388		电缆出线柜
		真空断路器，40.5kV，1250A，25kA，1台					
		电流互感器：600/1A，5P30/0.2S/0.2S，10/10/10VA，3只					
		接地开关：25kA/4s，1组					
		避雷器：51/134kV，3只					
		带电显示器，1套					
		零序电流互感器 Φ170 100/1A					
		柜宽：1400mm					

序号	产品名称	型号及规格	单位	数量	物料编码	固化ID	备注
4.4	35kV开关柜	金属铠装移开式高压开关柜	台	4	500031790		电容器出线柜
		SF_6断路器，40.5kV，1250A，25kA，1台					
		电流互感器：600/1A，5P30/0.5S/0.2S，10/10/10VA，3只					
		接地开关：25kA/4s，1组					
		避雷器：51/134kV，3只					
		带电显示器，1套					
		零序电流互感器 Φ170 100/1A					
		柜宽：1400mm					
4.5	35kV开关柜	金属铠装移开式高压开关柜	台	2	500128791		接地变压器消弧线圈出线柜
		真空断路器，40.5kV，1250A，25kA，1台					
		电流互感器：200/1A，5P30/0.2S/0.2S，10/10/10VA，3只					
		接地开关：25kA/4s，1组					
		避雷器：51/134kV，3只					
		带电显示器，1套					
		柜宽：1400mm					
4.6	35kV开关柜	金属铠装移开式高压开关柜	台	2	500116464		母线设备柜
		隔离手车，40.5kV，1250A，25kA，1台					

序号	产品名称	型号及规格	单位	数量	物料编码	固化ID	备注
		电压互感器：0.2/0.5（3P）/3P/6P，50/50/50/100VA，（10/√3）/（0.1/√3）/（0.1/√3）/（0.1/√3）/（0.1/3）kV					
		避雷器：17/45kV，3只					
		附消谐装置					
		熔断器：0.5/25kA					
		带电显示器，2套					
		柜宽：1400mm					
4.7	35kV 开关柜	金属铠装移开式高压开关柜	台	1	500002479		分段开关柜
		真空断路器，40.5kV，2500A，25kA，1台					
		电流互感器：2500/1A，5P30/0.5S，10/10VA，3只					
		带电显示器，1套					
		柜宽：1400mm					
4.8	35kV 开关柜	金属铠装移开式高压开关柜	台	1	500083668		分段隔离柜
		隔离手车，40.5kV，2500A，25kA，1台					
		带电显示器，1套					
		柜宽 1400mm					
4.9	封闭母线桥	40.5kV，2500A	m	～10	500118112	9906—500002476—00002	
4.10	35kV 并联电容器	户外高压并联电容器成套装置组合柜	套	4	500121895	9906—500037237—00007	

序号	产品名称	型号及规格	单位	数量	物料编码	固化ID	备注
		容量 20Mvar，额定电压：35kV，最高运行电压：40.5kV			500132508	9906—500037237—00012	
		含：四极隔离开关、电容器、铁芯电抗器					
		放电电压互感器、避雷器、端子箱等					
		配不锈钢网门及电磁锁					
		标称容量：20Mvar；					
		单台容量 417kvar，配内熔丝					
		爬电距离：1256mm					
5	绝缘子和穿墙套管						
5.1	耐张绝缘子串	18（XWP2－70），附组装金具	串	6	500122793		
5.2	可调耐张绝缘子串	18（XWP2－70），附组装金具	串	6	500122793		
5.3	悬垂绝缘子串	18（XWP2－70），附组装金具	串	12	500122793		
5.4	耐张绝缘子串	9（XWP2－70）与双导线连接，附组装金具	串	6	500122793		
5.5	耐张绝缘子串	9（XWP2－70）与双导线连接，附组装金具	串	6	500122793		
5.6	悬垂绝缘子串	9（XWP2－70），附组装金具	串	12	500122793		
5.7	穿墙套管	CWW－40.5/2500A，铜质，瓷绝缘	只	6			
6	导体、导线和电力电缆						
6.1	钢芯铝绞线	LGJ－630/55	m	900	500030937		
6.2	钢芯铝绞线	LGJ－500/45	m	1600	500027423		

序号	产品名称	型号及规格	单位	数量	物料编码	固化 ID	备注
6.3	三芯电力电缆	YJV22－26/35－3×185	m	320			
6.4	三芯电力电缆	YJV22－26/35－3×150	m	100			
6.5	户内外电缆终端	与 YJV22－26/35－3×185 配合	套	8			各半
6.6	户内外电缆终端	与 YJV22－26/35－3×150 配合	套	4			各半
6.7	铜排	125×10	m	150			
7	防雷、接地、照明						
7.1	专用接地装置		套	24			
7.2	热镀锌扁钢	－60×8		—			
7.3	热镀锌扁钢	－80×8		—			
7.4	铜排	－30×4		—			
7.5	铜导线	200mm²		—			
7.6	铜导线	100mm²		—			
7.7	热镀锌角钢	－63×6　L=2500mm		—			
7.8	热镀锌钢管	直径 300　L=30m		—			
7.9	圆钢	直径 12		—			
7.10	临时接地端子			—			
7.11	断卡紧固线			—			
7.12	动力配电箱	PZR－30 改	面	7			
7.13	照明配电箱	PZR－30 改	面	4			
7.14	事故照明配电箱	PZR－30 改	面	1			
7.15	检修电源箱		面	26			
7.16	户外检修动力箱		面	3			

序号	产品名称	型号及规格	单位	数量	物料编码	固化 ID	备注
8	金具						
8.1	耐张线夹		套	72			
8.2	设备线夹		套	102			
8.3	T 型线夹		套	78			
8.4	导线间隔棒		套	100			
8.5	槽钢	L=1500mm	套	36			
8.6	槽钢	L=5000mm	套	6			
9	电缆支架、防火材料						
9.1	电缆防火涂料	FBQ－2	kg	—			
9.2	防火涂料	BXF－D311	kg	—			
9.3	有机耐火隔板	BXF－7　t=10mm	m²	—			
9.4	膨胀螺栓	M6×60	套	—			
9.5	膨胀螺栓	M8×80	套	—			
9.6	膨胀螺栓	M8×120	套	—			
9.7	无机防火砖	QL－II	kg/m³	—			
9.8	有机防火堵料	FBQ－2	kg	—			
9.9	有机角板连接件	L70×70×5	m	—			
9.10	角钢	75×75×8	m	—			
9.11	角钢	45×45×4	m	—			
9.12	圆钢	φ10	m	—			
9.13	铝合金或敷铝锌板		m	—			
9.14	槽盒支架		m	—			

序号	产品名称	型号及规格	单位	数量	物料编码	固化 ID	备注
一	给水部分						
1	衬塑镀锌钢管	DN50	m	60			
2	闸阀	DN50，PN=1.6MPa	只	2			
3	防污隔断阀	DN50，PN=1.6MPa	只	1			
4	水表	DN50，水平旋翼式，PN=1.0MPa	只	1			
5	水表井	砖砌，$A\times B$=2150×1100	座	1			
二	排水部分						
1	焊接钢管	D325×6	m	70			
2	PE 双壁波纹管	DN200，环刚度不小于 8kN/m²	m	100			
3	PE 双壁波纹管	DN300，环刚度不小于 8kN/m²	m	120			
4	PE 双壁波纹管	DN400，环刚度不小于 8kN/m²	m	120			
5	PE 双壁波纹管	DN500，环刚度不小于 8kN/m²	m	5			
6	砖砌雨水检查井	Φ1000	座	14			
7	砖砌污水检查井	Φ700	座	4			
8	水封井	Φ1250	座	3			
9	铸铁井盖及井座	Φ700，重型	套	21			
10	化粪池	G1-2SQF	座	1			
11	储存池	钢筋混凝土，$A\times B\times H$=1500×2000×3500	座	1			
12	一体化预制雨水泵站	玻璃钢结构，Φ2400	座	1			
三	消防部分						
1	合成型泡沫喷雾灭火设备	储液罐 V=14m³，包括储液罐、动力瓶组、驱动装置、放空阀等	套	1			

序号	产品名称	型号及规格	单位	数量	物料编码	固化 ID	备注
2	水喷雾喷头	ZSTWB 系列，DN25	只	150			
3	镀锌钢管	DN25	m	50			
4	镀锌钢管	DN50	m	150			
5	镀锌钢管	DN80	m	300			
6	闸阀	DN80，P_N=1.6MPa	只	3			
7	地下式消防水泵接合器	SQX100A 型，DN100	套	6			
8	砖砌阀门井	$A\times B$=1750×1500	座	3			
9	铸铁井盖及井座	Φ700，重型	套	3			
10	消防沙箱	1m³，含消防铲、消防桶等	套	3			
11	推车式干粉灭火器	50kg	具	3			
12	手提式干粉灭火器	5kg	具	6			
（十）	暖通						
1	边墙式方形轴流风机	风量：6300m³/h，静压：60Pa	台	3			
		电源：380V/50Hz，电机功率：0.25kW					
2	边墙式方形轴流风机	风量：1700m³/h，静压：60Pa	台	2			
	防爆型	电源：380V/50Hz，电机功率：0.125kW					
3	风冷柜式空调机	规格：3HP，制冷/制热量：7.5/8.2kW	台	4			
4	风冷壁挂式空调机	规格：1.5HP，制冷量：3.5kW，制热量：4.0W	台	1			
5	风冷壁挂式空调机	规格：1HP，制冷量：2.5kW，制热量：3.4kW	台	2			
6	风冷防爆壁挂式空调	规格：2HP，制冷/制热量：5.0/5.3kW	台	2			
7	电取暖器	制热量：2.0kW，电源：220V，50Hz	台	14			

序号	产品名称	型号及规格	单位	数量	物料编码	固化ID	备注
8	电取暖器	制热量：1.3kW，电源：220V，50Hz	台	10			
9	电取暖器	制热量：1.0kW，电源：220V，50Hz	台	4			
10	电取暖器（防爆型）	制热量：1.3kW，电源：220V，50Hz	台	2			
11	吸顶式换气扇	风量：400m³/h，风压：250Pa	台	2			
12	半球形通风管罩	规格：直径150mm，不锈钢制作	只	2			
13	硅酸钛金复合单层软风管	规格：直径150mm，长度约1300mm	只	2			
14	保温密闭型电动百叶窗	规格：1500mm×600mm（高）	只	5			

电气二次主要设备材料清册见表9-6。

表9-6　　　　电气二次主要设备材料清册

序号	设备名称	型号及规格	单位	数量	备注
1	220kV系统保护				
（1）	220kV线路保护测控柜	220kV线路保护装置2台；预留1台测控装置位置、预留2台交换机位置	面	4	
（2）	220kV母联保护测控柜	220kV微机母联保护装置2台、预留1台测控装置位置、预留2台交换机位置	面	1	
（3）	220kV分段保护测控柜	220kV微机分段保护装置2台、预留1台测控装置位置、预留2台交换机位置	面	1	
（4）	220kV母线保护柜	220kV母线保护装置1台、预留2台交换机位置	面	2	
2	110kV系统保护				
（1）	110kV线路保护测控柜	110kV线路保护测控装置2台	面	2	
（2）	110kV母线保护柜	110kV母线保护装置1台	面	1	

序号	设备名称	型号及规格	单位	数量	备注
（3）	110kV母联保护测控柜	110kV母联保护测控装置1台	面	1	
3	故障录波装置柜	220kV故障录波装置2台，主变压器故障录波装置2台，110kV故障录波装置1台	面	3	
4	监控系统				
4.1	站控层设备				
（1）	主机兼操作员站柜		面	1	
（2）	I区数据通信网关机柜	包括I区通信网关机2台（每台配双电源模块），I区站控层中心交换机2台，I区/II区防火墙2台	面	1	对设备双电源状态进行监测
（3）	II/III/IV区数据通信网关机柜	II区通信网关机2台（每台配双电源模块），III/IV区通信网关机1台，II区站控层中心交换机2台	面	1	对设备双电源状态进行监测
（4）	综合应用服务器柜	包括综合服务器1台，正、反向隔离装置各1台	面	1	
（5）	站控层网络交换机及公用测控柜	4光口/20电口网络交换机4台，公用测控装置2台	面	1	
（6）	220kV母线测控柜及站控层交换机柜	母线测控2台，站控层交换机4台	面	1	
（7）	110kV母线测控柜及站控层交换机柜	母线测控2台，站控层交换机2台	面	1	
（8）	35kV站控层交换机		台	4	安装于35kV开关柜上
（9）	SCD配置工具		套	1	
（10）	辅助材料（含缆材、光电转换等）		套	1	
（11）	高级应用软件	变电站端自动化系统顺序控制；变电站保护信息远传显示；扩展防误闭锁功能应用；变电站端信息分类分层；智能告警；状态可视化；源端维护等功能	套	1	
（12）	网络打印机	本期及远景1台网络打印机、2台移动激光打印机（带移动小车），取消柜内打印机	套	2	

序号	设备名称	型号及规格	单位	数量	备注
（13）	调度数据网设备柜	共两套，每套含：数据网交换机2台（每台配双电源模块），数据网接入路由器1台（配双电源模块），纵向加密认证2台（每台配双电源模块），网络安全监测装置1台（配双电源模块）	面	2	应对设备双电源状态进行监测
4.2	间隔层设备				
（1）	主变压器测控柜	主变压器三侧及本体测控共4台	面	2	
（2）	220kV 线路、母联测控装置		台	6	
（3）	35kV 线路保护测控集成装置		台	8	安装于35kV线路开关柜上
（4）	35kV 电容器保护测控集成装置		台	4	安装于35kV电容器开关柜上
（5）	35kV 站用（接地）变保护测控集成装置		台	2	安装于35kV站用（接地）变开关柜上
（6）	35kV 分段保护测控集成装置（含备自投功能）		台	1	安装于35kV分段开关柜上
（7）	35kV 母线测控装置		台	2	安装于35kV TV开关柜上
（8）	35kV 电压并列装置		台	1	安装于35kV隔离开关柜上
4.3	过程层设备				
（1）	智能终端				
	220kV 母线智能终端		套	2	
	220kV 线路智能终端		套	8	
	220kV 母联智能终端		套	2	
	220kV 分段智能终端		套	2	
	110kV 母线智能终端		套	2	
	主变压器 220kV 侧智能终端		套	4	
	主变压器本体智能终端		套	2	
（2）	合并单元				
	220kV 母线合并单元		套	2	
	220kV 线路合并单元		套	8	
	220kV 母联合并单元		套	2	
	220kV 分段合并单元		套	2	
	110kV 母线合并单元		套	2	
	主变压器 220kV 侧合并单元		套	4	
	主变压器本体合并单元		套	4	
（3）	合智一体化装置				
	110kV 线路合智一体化装置		套	4	
	110kV 母联合智一体化装置		套	1	
	主变压器 110kV、35kV 侧合智一体化装置		套	8	
（4）	220kV 过程层中心交换机	16光口+4kMB光口交换机	台	4	安装于220kV两面母线保护柜中
（5）	110kV 过程层交换机柜	16光口+4kMB光口交换机6台	面	1	
（6）	220kV 线路过程层交换机	16光口交换机	台	8	安装在220kV线路保护测控柜
（7）	220kV 母联过程层交换机	16光口交换机	台	2	安装在220kV母联保护测控柜

序号	设备名称	型号及规格	单位	数量	备注
(8)	220kV 分段过程层交换机	16 光口交换机	台	2	安装在 220kV 分段保护测控柜
(9)	220kV 主变压器进线过程层交换机	16 光口交换机	台	4	安装在主变压器保护柜
(10)	110kV 主变压器进线过程层交换机	16 光口交换机	台	4	安装在主变压器保护柜
4.4	网络记录分析装置柜	分析装置 2 台、采集装置 4 台	面	2	
5	主变压器保护				
(1)	主变压器保护柜 1	主变压器保护装置 1 套、预留 2 台交换机位置	面	2	
(2)	主变压器保护柜 2	主变压器保护装置 1 套、预留 2 台交换机位置	面	2	
6	变电站时间同步系统				
(1)	时间同步主时钟柜	双钟冗余配置 2 套（每台配双电源模块）、天线 4 套（GPS 及北斗各 2 套）	面	1	应对设备双电源状态进行监测
(2)	时间同步扩展柜	安装在 110kV 预制舱和 220kV 预制舱	面	2	
7	一体化电源系统				
(1)	直流子系统				
	高频电源充电装置屏	微机型，GZD（W）型，7×20A（N），220V	面	2	
	直流联络柜	微机型，GZD（W）型，含一体化电源监控	面	1	
	直流馈线柜	微机型，GZD（W）型	面	4	
	直流分屏	微机型，GZD（W）型	面	4	
	通信电源屏	DC/DC 转换 20A×4	面	2	
	直流系统通信线缆	屏蔽双绞线 200m，无金属光纤 200m	套	1	
(2)	UPS 电源子系统				
	UPS 电源柜	10kVA 2 台，并机方式；每面屏含 20 个馈线空气开关	面	2	
(3)	交流子系统				
	交流进线柜	每面含 ATS 开关 1 套，控制单元 1 套	面	2	
	交流馈线柜		面	4	

序号	设备名称	型号及规格	单位	数量	备注
8	智能辅助控制系统				
(1)	智能辅助系统主机		面	1	
(2)	图像监视及安全警卫子系统	含视频监控服务器柜及摄像机等	套	1	
(3)	火灾报警子系统		套	1	
(4)	环境信息采集子系统		套	1	
(5)	高压脉冲电网	四区控制	套	1	
(6)	门禁系统		套	1	
9	计量系统				
(1)	主变压器电能表柜	含数字式多功能电能表 6 块（有功 0.5S，无功 2.0）	面	1	
(2)	220kV 线路电能表	含数字式多功能电能表 4 块（有功 0.5S，无功 2.0）	面	1	
(3)	110kV 线路电能表	含数字式多功能电能表 4 块（有功 0.5S，无功 2.0）	面	1	
(4)	35kV 电能表	电子式多功能电能表（有功 0.5S，无功 2.0）	块	14	安装于各间隔开关柜中
(5)	电能量终端采集装置		套	1	安装于主变压器电能表柜中
10	泡沫消防控制柜		面	1	随泡沫消防系统提供
11	状态监测系统		套	1	
(1)	主变压器在线监测系统				
	主变压器油色谱在线监测 IED	安装于就地布置的在线监测智能控制柜内	套	2	
	在线监测智能控制柜	每台主变压器 1 面，就地安装	面	2	
	主变压器油色谱在线监测系统软件	与综合服务器整合需要	套	1	

序号	设备名称	型号及规格	单位	数量	备注
（2）	避雷器在线监测系统				
	避雷器在线监测传感器	安装在 220kV 侧避雷器	只	18	
	避雷器在线监测 IED	安装在母线智能控制柜	台	1	
	避雷器在线监测系统软件	与综合服务器整合	套	1	
12	二次设备预制舱				
（1）	110kV 二次设备预制舱	II 型（9200×2800×3200）mm	个	1	
（2）	220kV 二次设备预制舱	III 型（12 200×2800×3200）mm	个	1	
（3）	220kV 集中接线柜	预留免融光配位置	面	2	
（4）	110kV 集中接线柜	预留免融光配位置	面	1	
（5）	空屏柜		面	12	
13	其他材料				

序号	设备名称	型号及规格	单位	数量	备注
（1）	火灾系统及图像监视安全及警卫系统用钢管	φ25	m	1500	
（2）	在线监测系统埋管	φ25	m	200	
（3）	24 芯预制光缆（双端）	80 根	m	8000	
（4）	4 芯预制光缆（双端）	40 根	m	2000	
（5）	24 芯预制光缆连接器	含电缆头及配套组件	对	160	
（6）	4 芯预制光缆连接器	含电缆头及配套组件	对	80	
（7）	控制电缆		km	15	
（8）	光缆跳线	1.5m/根	根	800	
（9）	光纤尾纤	20m/根	根	200	
（10）	监控系统屏蔽双绞线	超五类屏蔽双绞线（满足工程需要）	m	1000	
（11）	监控系统以太网线	超五类屏蔽以太网线（满足工程需要）	m	2000	

10.1　JB-220-A3-2 方案设计说明

本实施方案主要设计原则详见方案技术条件表（见表 10-1），与通用设计无差异。

表 10-1　　　　　JB-220-A3-2（35）方案主要技术条件表

序号	项目		技　术　条　件
1	建设规模	主变压器	本期 2 台 240MVA，远期 3 台 240MVA
		出线	220kV：本期 4 回，远期 10 回； 110kV：本期 6 回，远期 12 回； 10kV：本期 24 回，远期 36 回
		无功补偿装置	10kV 并联电抗器：本期 4 组 10Mvar，远期 6 组 10Mvar； 10kV 并联电容器：本期 6 组 8000kvar，远期 9 组 8000kvar
2	站址基本条件		海拔<1000m，设计基本地震加速度 0.10g，设计风速≤30m/s，地基承载力特征值 f_{ak}=150kPa，无地下水影响，场地同一设计标高
3	电气主接线		220kV 本期及远期均采用双母线单分段接线； 110kV 本期及远期均采用双母线接线； 10kV 本期采用单母四分段接线，远期采用单母六分段接线
4	主要设备选型		220、110、10kV 短路电流控制水平分别为 50、40、25kA；设备短路水平按此确定； 主变压器采用户外三绕组、有载调压电力变压器；220kV 采用户内 GIS；110kV 采用户内 GIS；10kV 采用开关柜；10kV 并联电容器采用框架式；10kV 电抗器采用户内干式铁芯
5	电气总平面及配电装置		两幢楼平行布置，主变压器户外布置； 220kV 配电装置楼一层布置无功装置，二层布置 220kV 配电装置；110kV 配电装置楼一层布置 10kV 配电装置，二层布置 110kV 配电装置及二次设备； 220kV：户内 GIS，架空电缆混合出线； 110kV：户内 GIS，架空电缆混合出线； 10kV：户内开关柜双列布置
6	二次系统		全站采用模块化二次设备、预制式智能控制柜及预制光电缆的二次设备模块化设计方案； 变电站自动化系统按照一体化监控设计； 采用常规互感器+合并单元； 220kV、110kV GOOSE 与 SV 共网，保护直采直跳； 220kV 及主变压器采用保护、测控独立装置，110kV 采用保护测控集成装置，10kV 采用保护测控集成装置； 采用一体化电源系统，通信电源不独立设置； 间隔层设备下放布置，公用及主变压器二次设备布置在二次设备室

续表

序号	项目	技　术　条　件
7	土建部分	围墙内占地面积 0.7140hm²； 全站总建筑面积 3772m²； 其中 220kV 配电装置楼建筑面积 1641m²；110kV 配电装置楼建筑面积 2013m²； 建筑物结构型式为装配式钢框架结构； 建筑物外墙采用压型钢板复合板或纤维水泥复合板，内墙采用防火石膏板或轻质复合内墙板，楼面板采用压型钢板为底模的现浇钢筋混凝土板，屋面板采用钢筋桁架楼承板； 围墙采用大砌块围墙或装配式围墙或通透式围墙； 构、支架基础采用定型钢模浇筑，构支架与基础采用地脚螺栓连接

10.2　JB-220-A3-2 方案卷册目录

10.2.1　JB-220-A3-2 电气一次卷册目录（见表 10-2）

表 10-2　　　　　　JB-220-A3-2 电气一次卷册目录

专业	序号	卷册编号	卷　册　名　称
电气一次	1	JB-220-A3-2-D0101	电气一次施工图说明及主要设备材料清册
	2	JB-220-A3-2-D0102	电气主接线图及电气总平面布置图
	3	JB-220-A3-2-D0103	220kV 内配电装置
	4	JB-220-A3-2-D0104	110kV 内配电装置
	5	JB-220-A3-2-D0105	10kV 屋内配电装置
	6	JB-220-A3-2-D0106	主变压器安装
	7	JB-220-A3-2-D0107	10kV 并联电容器安装
	8	JB-220-A3-2-D0108	接地变压器及其中性点设备安装
	9	JB-220-A3-2-D0109	交流站用电系统及设备安装
	10	JB-220-A3-2-D0110	全站防雷、接地施工图
	11	JB-220-A3-2-D0111	全站动力及照明施工图
	12	JB-220-A3-2-D0112	光缆/电缆敷设及防火封堵施工图

10.2.2　JB－220－A3－2电气二次卷册目录（见表10－3）

表10－3　　　　　JB－220－A3－2电气二次卷册目录表

专业	序号	卷册编号	卷 册 名 称
电气二次	1	JB－220－A3－2－D0201	二次系统施工说明及设备材料清册
	2	JB－220－A3－2－D0202	公用设备二次线
	3	JB－220－A3－2－D0203	主变压器保护及二次线
	4	JB－220－A3－2－D0204	220kV 线路保护及二次线
	5	JB－220－A3－2－D0205	220kV 母联、母线保护及二次线
	6	JB－220－A3－2－D0206	故障录波系统
	7	JB－220－A3－2－D0207	110kV 线路保护及二次线
	8	JB－220－A3－2－D0208	110kV 母联、母线保护及二次线
	9	JB－220－A3－2－D0209	10kV 二次线
	10	JB－220－A3－2－D0210	交直流电源系统
	11	JB－220－A3－2－D0211	时间同步系统
	12	JB－220－A3－2－D0212	智能辅助控制系统
	13	JB－220－A3－2－D0213	火灾报警系统
	14	JB－220－A3－2－D0214	设备状态监测系统
	15	JB－220－A3－2－D0215	系统调度自动化
	16	JB－220－A3－2－D0216	变电站自动化系统
	17	JB－220－A3－2－D0217	站内通信

10.2.3　JB－220－A3－2土建卷册目录（见表10－4）

表10－4　　　　　JB－220－A3－2土建卷册目录表

专业	序号	卷册编号	卷 册 名 称
土建	1	JB－220－A3－2－T0101	土建施工总说明及卷册目录
	2	JB－220－A3－2－T0102	总平面布置图
	3	JB－220－A3－2－T0201	220kV 配电装置楼建筑施工图
	4	JB－220－A3－2－T0202	220kV 配电装置楼结构施工图
	5	JB－220－A3－2－T0203	110kV 配电装置楼建筑施工图
	6	JB－220－A3－2－T0204	110kV 配电装置楼结构施工图
	7	JB－220－A3－2－T0205	警卫室建筑施工图
	8	JB－220－A3－2－T0206	警卫室结构施工图
	9	JB－220－A3－2－T0207	消防泵房及水池施工图
	10	JB－220－A3－2－T0304	主变压器场区施工图
	11	JB－220－A3－2－T0305	独立避雷针施工图

10.3　JB－220－A3－2方案主要图纸（图10－1～图10－23）

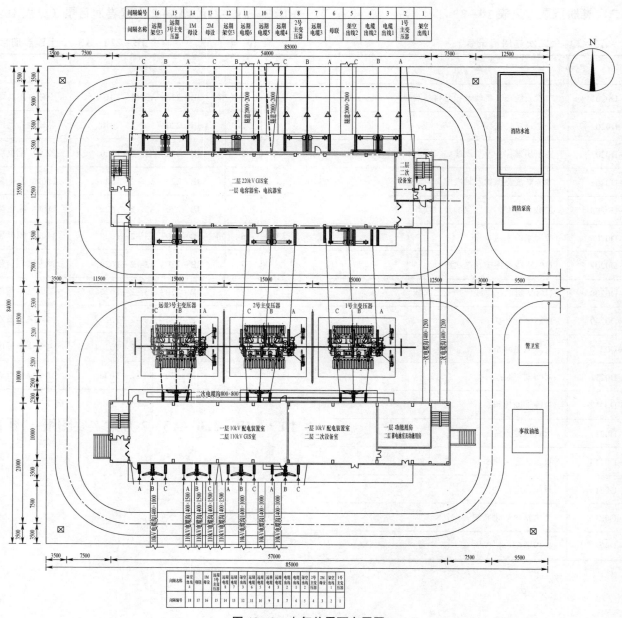

图 10-2 电气总平面布置图

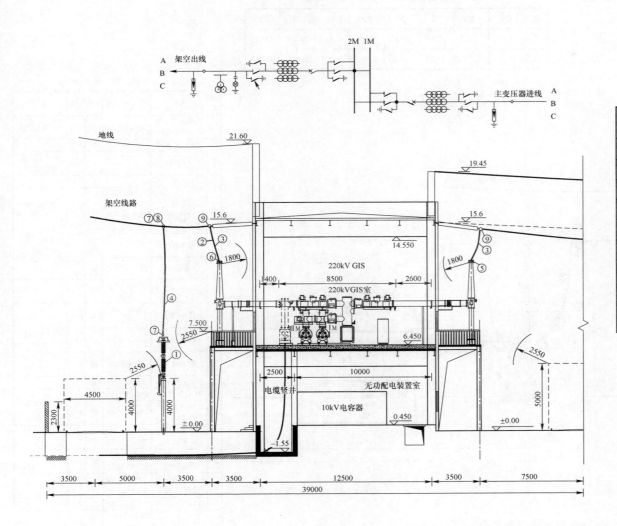

材 料 表

编号	名称	型号及规范	单位	数量	备注
①	220kV 氧化锌避雷器	$Y_{10}W_5$–204/532kV	台	3×2	2MOA–204/532–Z1
②	软母线间隔棒	MRJ–6/120	套	3×4	
③	钢芯铝绞线	LGJ–630/55	m	20×6	
④	钢芯铝绞线	LGJ–300/25	m	10×4	
⑤	90°铜铝过渡设备线夹	SYG–630C	套	3×2	
⑥	90°双导线铜铝过渡设备线夹	SSYG–630C/120	套	3×4	
⑦	0°铝设备线夹	SY–300A/25	套	6×4	
⑧	双导线 T 型线夹	TL–2×630/120	套	3×4	
⑨	T 型线夹	TY–630/55	套	30	

图 10–3　220kV 出线间隔断面图

21.50m 档距 LGJ–630/55 导线安装曲线表

温度（℃）	40	30	20	10	0	–10	–20
张力（N）	6446	6484	6524	6564	6605	6646	6689
弧垂（m）	0.977	0.972	0.966	0.960	0.954	0.948	0.942

11.0m 档距 2×LGJ–630/55 导线安装曲线表

温度（℃）	40	30	20	10	0	–10	–20
张力（N）	14237	14280	14324	14368	14413	14458	14503
弧垂（m）	0.494	0.493	0.491	0.490	0.488	0.487	0.485

材 料 表

编号	名称	型号及规范	单位	数量	备注
①	三相三绕组电力变压器	240MVA/220	台	1×2	含风冷控制柜
②	10kV 避雷器		只	3×2	
③	智能柜		台	1×2	变压器厂家配套供应
④	油色谱柜		台	1×2	
⑤	半绝缘式铜管母	5000A/10kV 50kA 附支撑绝缘子及组装金具	m	~70	管母厂家提供
⑥	管母 T 接金具		套	6	管母厂家提供
⑦	钢芯铝绞线	LGJ–630/55	m	200×2	
⑧	耐张绝缘子串	与单导线连接	串	6×2	
⑨	耐张绝缘子串	与双导线连接	串	6×2	
⑩	耐张线夹	NY–630/55	套	6×2	配合单导线使用
⑪	耐张线夹	NY–630/55	套	6×2	配合双导线使用
⑫	T 型线夹	TY–630/55	套	3×2	
⑬	0°设备线夹	SY–630/55A	套	6×2	
⑭	双导线单引下 T 型线夹	TL–630/200	套	6×2	
⑮	0°双导线设备线夹	SSL–630/55A	套	6×2	
⑯	0°铜铝过渡设备线夹	SYG–630/55A	套	3×2	
⑰	0°双导线铜铝过渡设备线夹	SSYG–630/55A	套	3×2	
⑱	软导线间隔棒	MRJ–6/200	套	60	每隔 2m 一套
⑲	母线伸缩节	5000A/10kV，50kA	套	3×2	管母厂家提供
⑳	穿墙套管		套	3×2	
㉑	专用接地装置		套	3	高中低压侧各 1 套

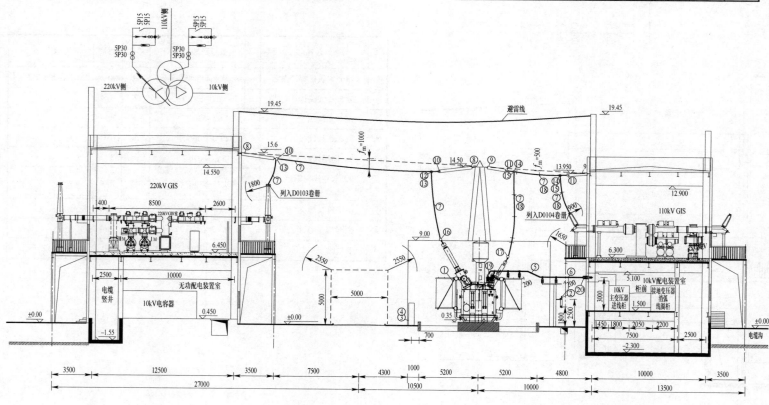

说明：主变压器上方增设避雷线进行防雷保护，避雷线的高度请根据实际工程计算。

图 10－4　主变压器进线间隔断面图

12.20m 档距 2×LGJ–500/45 导线安装曲线表

温度（℃）	40	30	20	10	0	−10	−20
张力（N）	2159	2164	2170	2176	2181	2187	2193
弧垂（m）	1.090	1.087	1.084	1.081	1.079	1.076	1.073

材 料 表

编号	设备名称	型号及规格	单位	数量	备注
①	氧化锌避雷器	Y10W–102/266kV	只	3×8	1MOA–102/266–Z1
②	耐张绝缘子串	9（XWP₂–70）与双导线连接	串	3×3	
③	可调耐张绝缘子串	9（XWP₂–70）与双导线连接	串	3×3	
④	钢芯铝绞线	LGJ–630/55	m	270	
⑤	耐张线夹	NY–630/55	套	12×3	
⑥	T型线夹	TY–630/55	套	6×2	
⑦	0°铝设备线夹	SY–630/55A	套	6×2	
⑧	0°双导线铜铝过渡设备线夹	SSLG–630A	套	3×2	
⑨	双软导线间隔棒	MRJ–6/200	套	54	

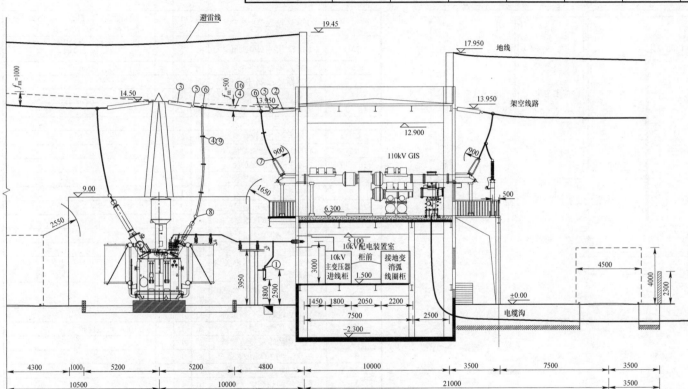

图 10−5 110kV 配电装置室断面布置图

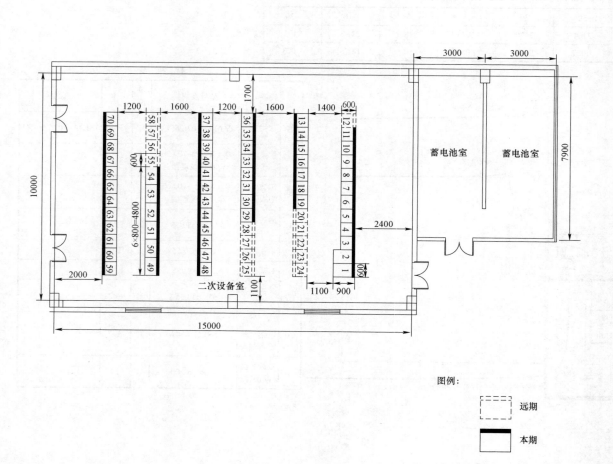

图例:

┌┄┄┄┐
┆   ┆   远期
└┄┄┄┘

███ 本期

图 10-6 二次设备室屏位布置图

屏号	名 称	数量			备 注
		单位	本期	远期	
1	监控主机柜	面	1		
2	综合应用服务器柜	面	1		综合应用服务器 1 台+正反向隔离各 2 台
3	调度数据网设备柜	面	1		路由器 2 台+纵向加密 4 台+交换机 4 台
4	I 区远动通信柜	面	1		I 区通信网关机 2 台+I 区站控层中心交换机 2 台+防火墙 2 台
5	II 区及III/IV区远动通信柜	面	1		II 区网关机 2 台+III/IV区网关机 1 台+II 区站控层中心交换机 2 台
6	站控层网络设备柜	面	1		站控层交换机 6 台
7, 8	网络报文记录分析系统柜	面	2		
9	时钟同步主时钟柜	面	1		
10, 11	智能辅助控制系统柜	面	2		
12	备用	面		1	
13, 14	1 号主变压器保护柜	面	2		
15	1 号主变压器测控柜	面	1		
16, 17	2 号主变压器保护柜	面	2		
18	2 号主变压器测控柜	面	1		
19	泡沫消防控制柜 1	面	1		
20, 21	预留 3 号主变压器保护柜	面		2	
22	预留 3 号主变压器测控柜	面		1	
23	预留泡沫消防控制柜	面		1	
24~27	备用	面		4	
28	预留 3 号主变压器关口电能表柜	面		1	
29	1、2 号主变压器关口电能表柜	面	1		
30	110kV 过程层交换机柜	面	1		
31	110kV 母线保护柜	面	1		110kV 母线保护 1 套
32	110kV 故障录波装置柜	面	1		
33	主变压器故障录波装置柜	面	1		
34	10kV 低频低压减载柜	面	1		
35	消弧线圈控制柜	面	1		
36	公用及 10kV 母线测控柜	面	1		
37, 38	通信电源柜	面	2		
39, 40	UPS 电源柜	面	2		
41~47	直流电源柜	面	7		
48	电源监控柜	面	1		
49~54	站用电柜	面	6		
55~58	备用	面		4	
59~70	通信用柜	面	12		

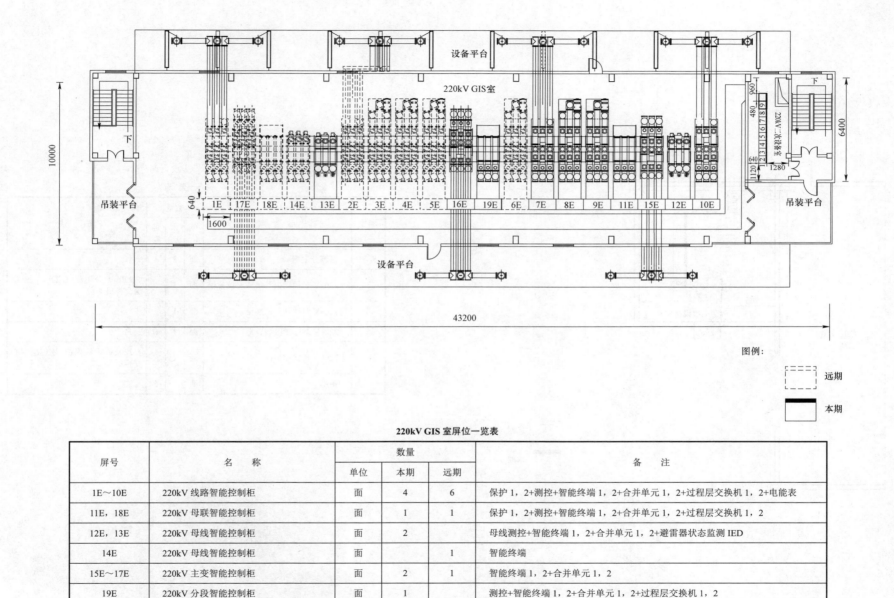

220kV GIS 室屏位一览表

屏号	名　称	数量			备　注
		单位	本期	远期	
1E～10E	220kV 线路智能控制柜	面	4	6	保护 1，2+测控+智能终端 1，2+合并单元 1，2+过程层交换机 1，2+电能表
11E，18E	220kV 母联智能控制柜	面	1	1	保护 1，2+测控+智能终端 1，2+合并单元 1，2+过程层交换机 1，2
12E，13E	220kV 母线智能控制柜	面	2		母线测控+智能终端 1，2+合并单元 1，2+避雷器状态监测 IED
14E	220kV 母线智能控制柜	面		1	智能终端
15E～17E	220kV 主变智能控制柜	面	2	1	智能终端 1，2+合并单元 1，2
19E	220kV 分段智能控制柜	面	1		测控+智能终端 1，2+合并单元 1，2+过程层交换机 1，2

图 10－7　220kV GIS 室屏位布置图

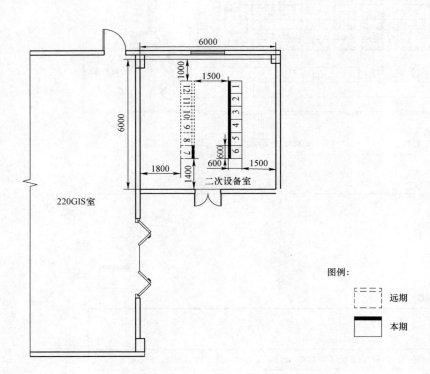

屏 位 一 览 表

屏号	名　称	数量			备　注
		单位	本期	远期	
1，2	直流分电柜	面	2		
3	220kV 公用测控及站控层设备柜	面	1		220kV 公用测控+220kV 站控层交换机 4 台
4	220kV 时钟同步扩展柜	面	1		
5	220kV 故障录波装置柜	面	1		
6，7	220kV 母线保护柜	面	2		220kV 母线保护+过程层中心交换机
8～12	备用	面		5	

图例：

远期

本期

图 10－8　220kV 二次设备室屏位布置图

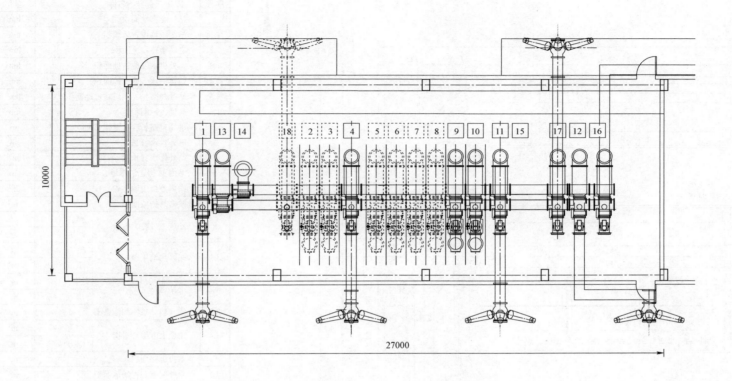

屏 位 一 览 表

屏号	名　称	数量			备　注
		单位	本期	远期	
1~12	110kV 线路智能控制柜	面	6	6	110kV 线路保护测控+合并单元智能终端集成装置+电能表
13	110kV 母联智能控制柜	面	1		110kV 母联保护测控+合并单元智能终端集成装置
14，15	110kV 母线智能控制柜	面	2		母线测控+智能终端 1，2+合并单元 1，2
16~18	110kV 主变智能控制柜	面	2	1	合并单元智能终端集成装置 1，2

图 10-9　110kV GIS 室屏位布置图

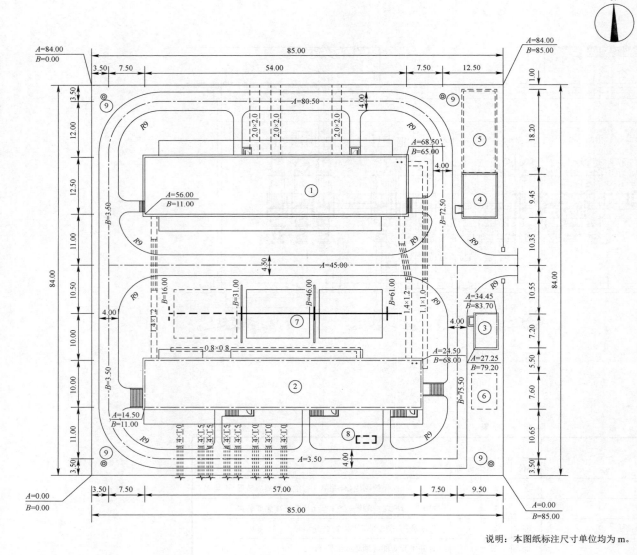

主要技术经济指标表

序号	名称		单位	数量	备注
1	站址总占地面积		hm²		
1.1	站区围墙内占地面积		hm²	0.7140	合 10.71 亩
1.2	进站道路占地面积		hm²		
1.3	站外供水设施占地面积		hm²		
1.4	站外排洪水设施占地面积		hm²		
1.5	站外防（排）洪设施占地面积		hm²		
1.6	其他占地面积		hm²		
2	进站道路长度（新建/改造）		m		
3	站外供水管长度		m		
4	站外排水管长度		m		
5	站内主电缆沟/隧道		m	238/45	
6	站内外挡土墙体积		m³		
7	站内外护坡面积		m²		
8	站址土（石）方量	挖方（－）	m³		
		填方（＋）	m³		
8.1	站区场地平整	挖方（－）	m³		
		填方（＋）	m³		
8.2	进站道路	挖方（－）	m³		
		填方（＋）	m³		
8.3	建（构）筑物基槽余土		m³		
8.4	站址土方综合平衡	挖方（－）	m³		
		填方（＋）	m³		
9	站内道路面积		m²	1701	
10	屋外配电装置场地面积		m²		
11	总建筑面积		m²	3772	
12	站区围墙长度		m	338	

建（构）筑物一览表

编号	名称	单位	数量	备注
①	220kV 配电装置楼	m²	1641	
②	110kV 配电装置楼	m²	2013	
③	警卫室	m²	40	
④	消防泵房及泡沫消防间	m²	78	
⑤	消防水池	m²	160	
⑥	事故油池	m²	40	
⑦	主变压器场地	m²	1040	
⑧	化粪池	m²	6	
⑨	独立避雷针	座	4	

说明：本图纸标注尺寸单位均为 m。

图 10—10 土建总平面

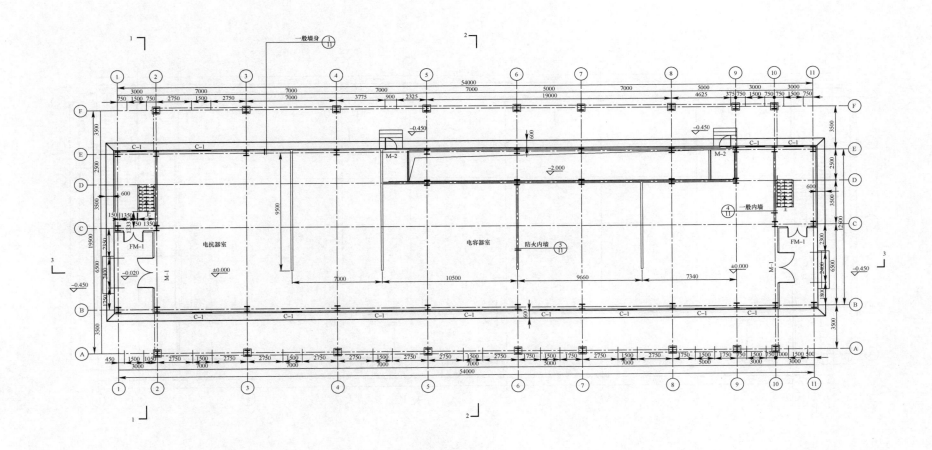

图 10-11 220kV 配电装置楼一层平面布置图

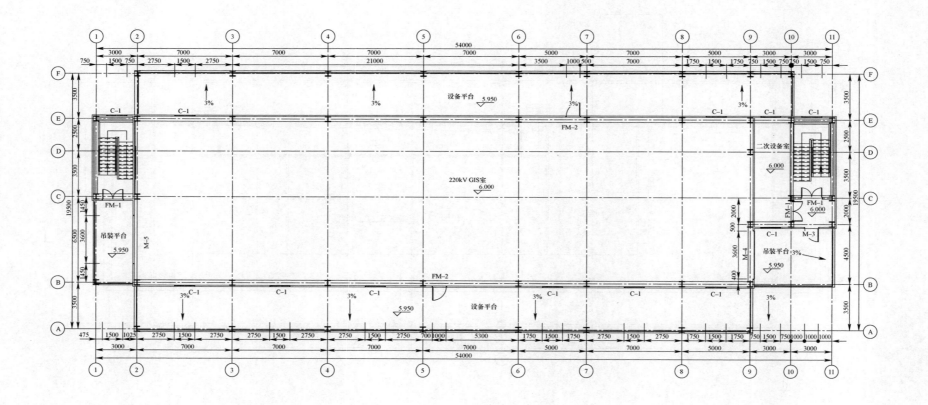

图 10-12　220kV 配电装置楼二层平面布置图

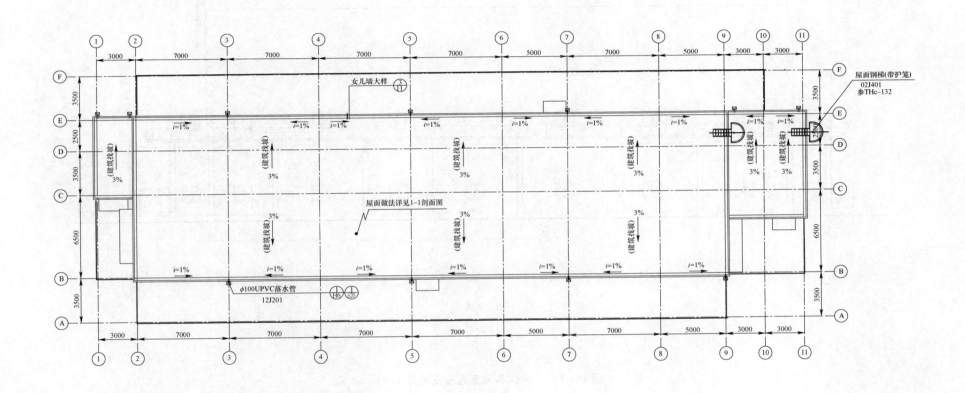

图 10-13　220kV 配电装置楼屋面排水图

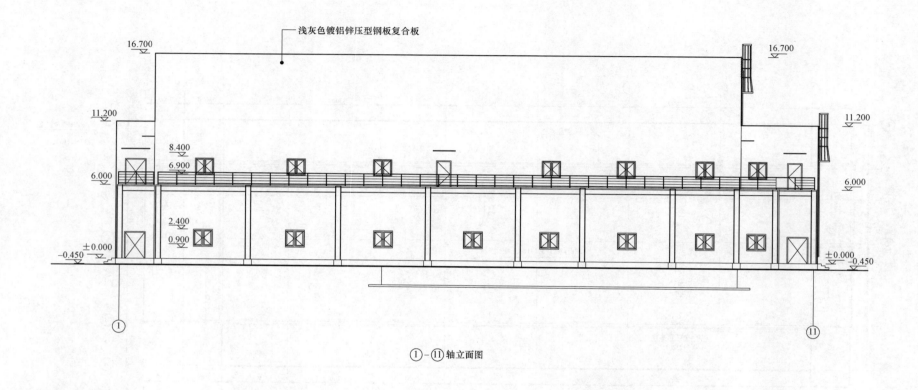

浅灰色镀铝锌压型钢板复合板

16.700

16.700

11.200

11.200

8.400

6.900

6.000

6.000

2.400

0.900

±0.000

−0.450

±0.000

−0.450

① ⑪

①－⑪轴立面图

图 10－14　220kV 配电装置楼立面图（一）

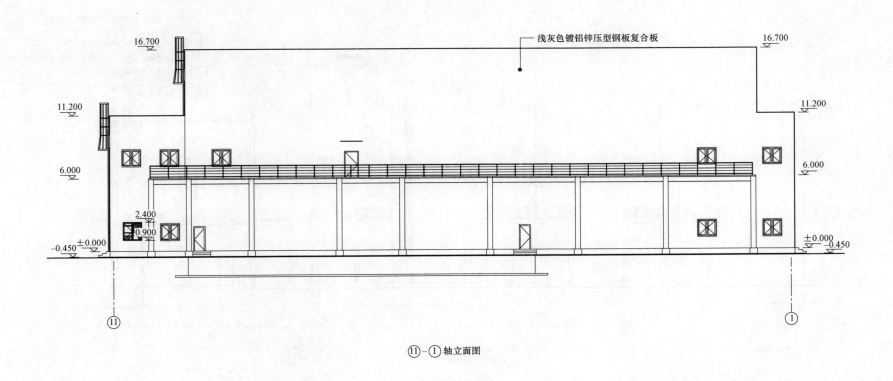

浅灰色镀铝锌压型钢板复合板

16.700

11.200

6.000

2.400

0.900

±0.000

−0.450

16.700

11.200

6.000

±0.000

−0.450

⑪

①

⑪−①轴立面图

图 10−15 220kV 配电装置楼立面图（二）

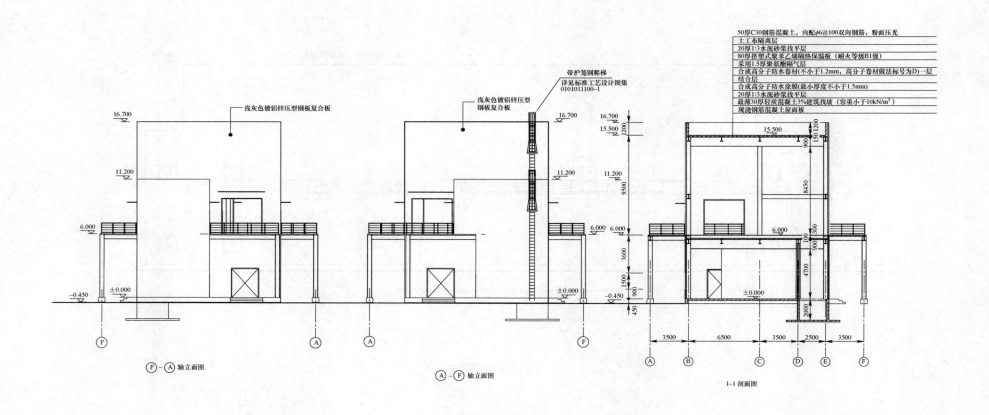

图10-16 220kV配电装置楼立剖面图

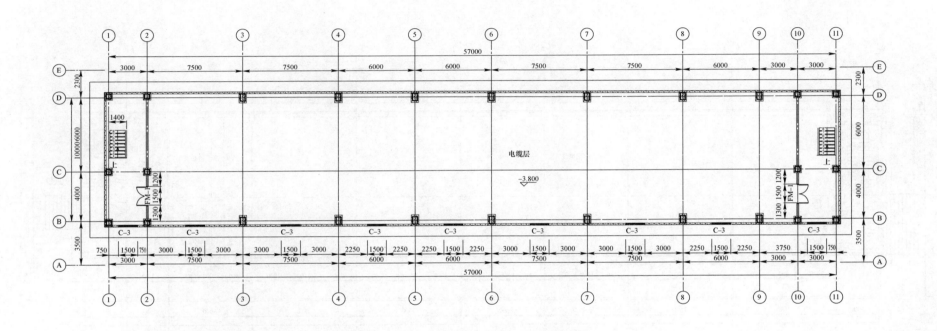

图 10-17 110kV 配电装置楼地下一层平面布置图

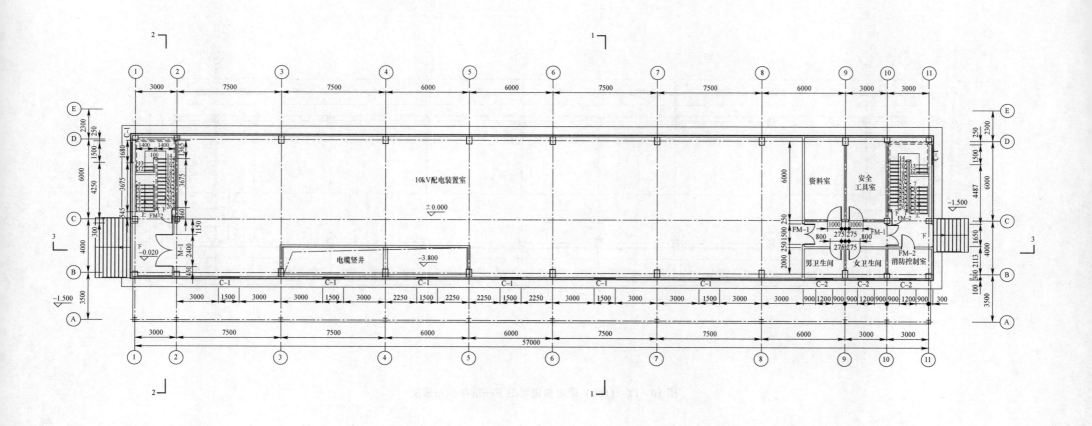

图 10-18 110kV 配电装置楼一层平面布置图

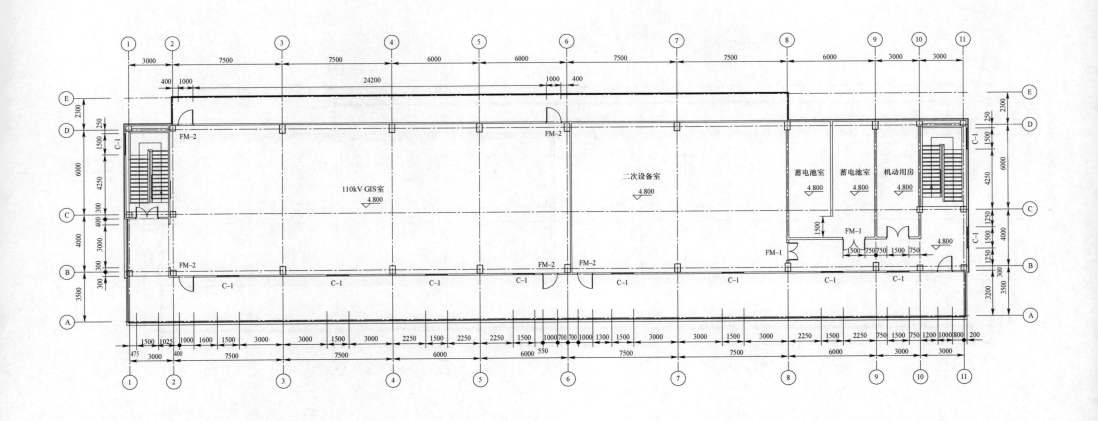

图 10-19　110kV 配电装置楼二层平面布置图

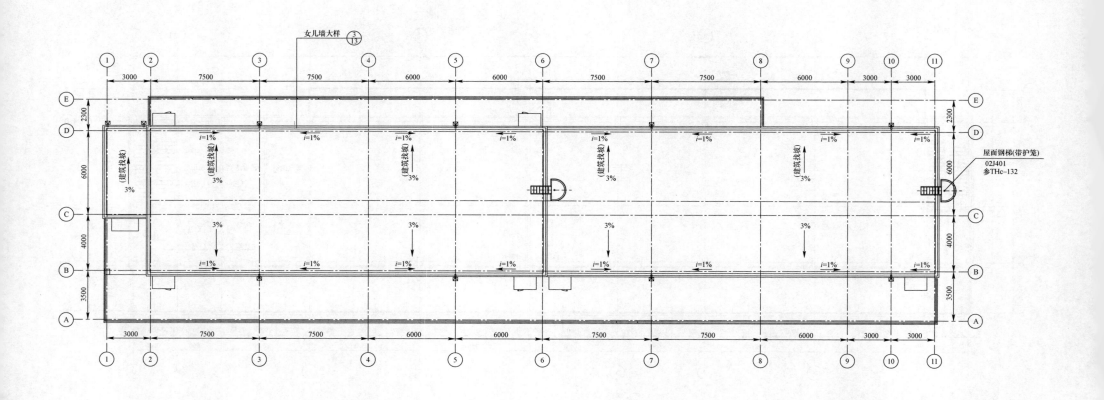

图 10-20　110kV 配电装置楼屋面排水图

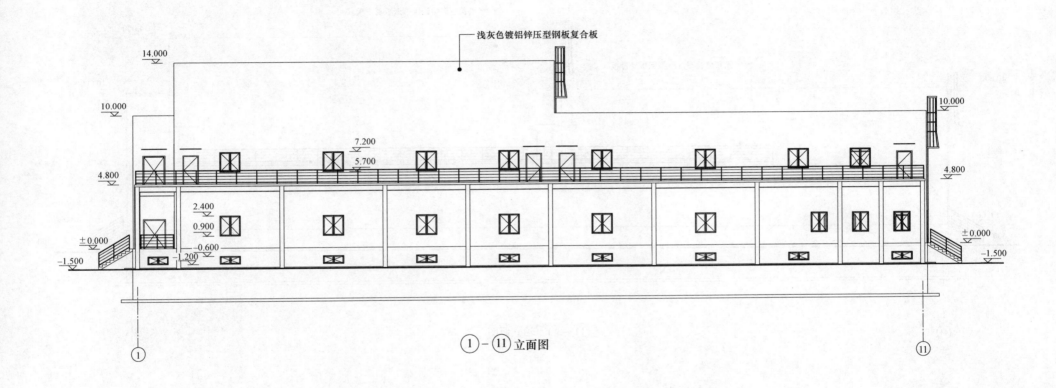

浅灰色镀铝锌压型钢板复合板

14.000

10.000

7.200

5.700

10.000

4.800

4.800

2.400

0.900

±0.000

−0.600

−1.500

−1.200

±0.000

−1.500

① − ⑪ 立面图

① ⑪

图 10−21   110kV 配电装置楼立面图（一）

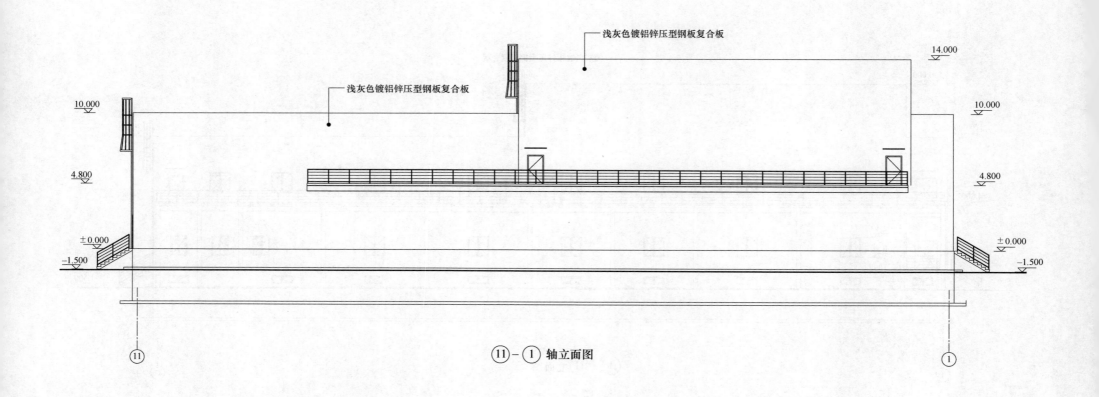

浅灰色镀铝锌压型钢板复合板

浅灰色镀铝锌压型钢板复合板

14.000

10.000

10.000

4.800

4.800

±0.000

±0.000

−1.500

−1.500

⑪ー① 轴立面图

⑪

①

图 10−22　110kV 配电装置楼立面图（二）

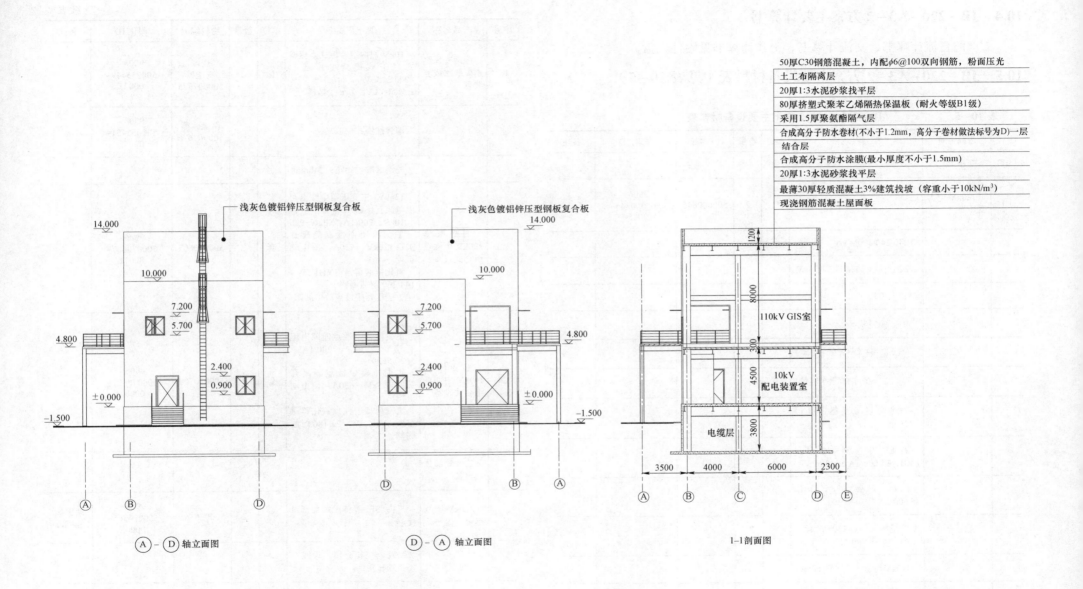

50厚C30钢筋混凝土，内配φ6@100双向钢筋，粉面压光
土工布隔离层
20厚1:3水泥砂浆找平层
80厚挤塑式聚苯乙烯隔热保温板（耐火等级B1级）
采用1.5厚聚氨酯隔气层
合成高分子防水卷材(不小于1.2mm，高分子卷材做法标号为D)一层
结合层
合成高分子防水涂膜（最小厚度不小于1.5mm）
20厚1:3水泥砂浆找平层
最薄30厚轻质混凝土3%建筑找坡（容重小于10kN/m³）
现浇钢筋混凝土屋面板

浅灰色镀铝锌压型钢板复合板

浅灰色镀铝锌压型钢板复合板

110kV GIS室

10kV
配电装置室

电缆层

Ⓐ－Ⓓ 轴立面图　　　　Ⓓ－Ⓐ 轴立面图　　　　1–1剖面图

图 10－23　110kV 配电装置楼立剖面图

10.4 JB-220-A3-2 方案主要计算书

二次的直流计算书、交流计算书、土建计算书见附件光盘。

10.5 JB-220-A3-2 方案主要设备材料表（见表10-5）

表10-5   JB-220-A3-2方案主要设备材料表

序号	产品名称	型号及规格	单位	数量	物料编码	固化 ID	备注
（一）	变压器						
1.1	220kV 电力变压器	2400000/220 户外，三相，三绕组，有载调压，自冷风冷	台	2	500000845	9906-500000845-00054	
		240/240/120MVA					
		220±8×1.25%/115/10.5kV					
		YNyn0d1					
		$U_{1\%\sim2\%}$=14					
		$U_{1\%\sim3\%}$=64（归算至全容量）					
		$U_{2\%\sim3\%}$=50（归算至全容量）					
		附套管电流互感器（每相）：					
		220kV 中压侧中性点：LRB-35 600/1A 5P30/5P30					
		110kV 中压侧中性点：LRB-35 600/1A 5P30/5P30					
		外绝缘爬距：220kV 套管不小于 6300mm					
		110kV 套管不小于 3150mm					
		10kV 套管不小于 372mm					
		配智能状态在线检测装置					
1.2	接地变压器消弧线圈成套装置	10kV 户内组合柜式，预调式，干式接地变压器：1000/315kVA，10.5±2×2.5%/0.4kV，Zyn11 接线	套	2	接地变压器500007975	9906-500055449-00023	
		消弧线圈：630kVA			消弧线圈500007676	9906-500055451-00047	
		外绝缘爬电距离：240mm					
1.3	主变压器220kV 中性点组合式设备	126kV，主变压器中性点间隙电流互感器：10kV，200/1A，5P20/5P20 主变压器中性点隔离开关：126kV，630A，附电动机构 氧化锌避雷器：YH1.5W-144/260 附监测器 主变压器中性点放电间隙	套	2	500070607	9906-500070607-00011	
1.4	主变压器110kV 中性点组合式设备	72.5kV 主变压器中性点间隙电流互感器：10kV，200/1A，5P20/5P20 主变压器中性点隔离开关：72.5kV，630A，附电动机构 主变压器中性点氧化锌避雷器：YH1.5W-72/186 附监测器	套	2	500070509	9906-500070509-00002	
2	220kV 部分主设备						
2.1	220kV 智能组合电器	户内 SF$_6$ 气体绝缘全密封（GIS）	套	2	500026365	9906-500026365-00003	架空出线间隔
		断路器三相分箱，母线三相共箱布置：					
		252kV，I_N=3150A，50kA/3s					
		每套含					

序号	产品名称	型号及规格	单位	数量	物料编码	固化 ID	备注
		断路器：3150A，50kA/3s，1台					
		隔离开关：3150A，50kA/3s，3组					
		接地开关：3150A，50kA/3s，2组					
		快速接地开关：50kA/3s，1组					
		电流互感器：2000～4000A，0.2S/0.2S/5P30/5P30，50kA/3s，10/10/10/10VA 3只					
		带电显示器（三相）：1套					
		电压互感器（A相）：$220/\sqrt{3}$ kV，0.5（3P）/0.5（3P），10/10VA 1只 附可拆卸隔离端口					
		套管：3150A，外绝缘爬电距离不小于6300mm，1套					
		间隔绝缘盆、法兰等附件					
2.2	220kV 智能组合电器	户内 SF$_6$ 气体绝缘全密封（GIS）	套	2	500026369	9906-500026369-00008	主变进线间隔
		断路器三相分箱，母线三相共箱布置：					
		252kV，I_N=3150A，50kA/3s					
		每套含					
		断路器：3150A，50kA/3s，1台					
		隔离开关：3150A，50kA/3s，3组					
		接地开关：3150A，50kA/3s，3组					
		电流互感器：2000～4000A，0.2S/0.2S/5P30/5P30 50kA/3s，10/10/10/10VA，3只					
		套管：3150A，外绝缘爬电距离不小于6300mm，1套					
		带电显示器（三相）：1套					
		间隔绝缘盆、法兰等附件					
2.3	220kV 智能组合电器	户内 SF$_6$ 气体绝缘全密封（GIS）	套	2	500026357	9906-500026357-00004	电缆出线间隔
		断路器三相分箱，母线三相共箱布置					
		252kV，I_N=3150A，50kA/3s					
		每套含					
		断路器：3150A，50kA/3s，1台					
		隔离开关：3150A，50kA/3s，3组					
		接地开关：3150A，50kA/3s，2组					
		快速接地开关：50kA/3s，1组					
		电流互感器：2000～4000A，0.2S/0.2S/5P30/5P30，50kA/3s，10/10/10/10VA 3只					
		带电显示器（三相）：1套					
		电压互感器（A相）：$220/\sqrt{3}$ kV，0.5（3P）/0.5（3P），10/10VA 附可拆卸隔离端口					

序号	产品名称	型号及规格	单位	数量	物料编码	固化 ID	备注
		电缆筒：1 套					
		间隔绝缘盆、法兰等附件					
2.4	220kV 智能组合电器	户内 SF$_6$ 气体绝缘全密封（GIS）	套	1	500026373	9906-500026373-00004	母联间隔
		断路器三相分箱，母线三相共箱布置：252kV，I_N=3150A，50kA/3s					
		每套含					
		断路器：2000～4000A，50kA/3s，1 台					
		隔离开关：3150A，50kA/3s，2 组					
		接地开关：3150A，50kA/3s，2 组					
		电流互感器：2000～4000A，0.2S/0.2S/5P30/5P30，10/10/10/10VA，50kA/3s，3 只					
		间隔绝缘盆、法兰等附件					
2.5	220kV 智能组合电器	户内 SF$_6$ 气体绝缘全密封（GIS）	套	2	500114494	9906-500114494-00002	母线设备间隔
		三相共箱布置					
		252kV，I_N=3150A，50kA/3s					
		每套含					
		隔离开关：3150A，50kA/3s，1 组					
		接地开关：3150A，50kA/3s，1 组					
		快速接地开关：50kA/3s，1 组					
		电压互感器：220/$\sqrt{3}$ kV，0.2/0.5（3P）/0.5（3P）/6P，10/10/10/10VA，3 只					
		间隔绝缘盆、法兰等附件					
		智能状态在线监测装置，1 套					
2.6	220kV 智能组合电器	户内 SF$_6$ 气体绝缘全密封（GIS）	套	1	500067101	9906-500067101-00001	预留架空出线间隔
		三相共箱布置					
		252kV，I_N=3150A，50kA/3s					
		每套含					
		隔离开关：3150A，50kA/3s，2 组					
		接地开关：3150A，50kA/3s，1 组					
		间隔绝缘盆、法兰等附件					
2.7	220kV 智能组合电器	户内 SF$_6$ 气体绝缘全密封（GIS）	套	4	500083724	9906-500083724-00001	预留电缆出线间隔
		三相共箱布置：252kV，I_N=3150A，50kA/3s					
		每套含					
		隔离开关：3150A，50kA/3s，2 组					

序号	产品名称	型号及规格	单位	数量	物料编码	固化ID	备注
		接地开关：3150A，50kA/3s，1组					
		间隔绝缘盆、法兰等附件					
2.8	220kV氧化锌避雷器	瓷柱式	台	6	500027164	9906-500027164-00013	
		标称放电电流：10kA，额定电压204kV					
		标称雷电冲击电流下的最大残压532kV					
		外绝缘爬电距离：6300mm					
		附智能状态在线监测装置1套					
2.9	220kV智能组合电器分支母线	户内SF$_6$气体绝缘全密封（GIS）	m	9			
		三相分箱布置					
3	110kV部分主设备						
3.1	智能组合电器	户内SF$_6$气体绝缘全密封（GIS）	套	4	500026258	9906-500026258-00022	架空出线间隔
		三相共箱布置：126kV，2000A，40kA/3s					
		每套含					
		断路器：2000A，40kA/3s，1台					
		隔离开关：2000A，40kA/3s，3组					
		接地开关：2000A，40kA/3s，2组					
		快速接地开关：40kA/3s，1组					
		电流互感器：（1000～2000）/1A，5P30/0.2S，10/10VA，3只					

序号	产品名称	型号及规格	单位	数量	物料编码	固化ID	备注
		带电显示器：1套					
		电压互感器（A相）：110/$\sqrt{3}$ kV 0.5（3P），10VA，1只 附可拆卸隔离断口					
		套管：2000A，外绝缘爬电距离不小于3150mm，1套					
		间隔绝缘盆、法兰等附件					
3.2	集成式智能组合电器	户内SF$_6$气体绝缘全密封（GIS）	套	2	500026262	9906-500026262-00006	主变压器进线间隔
		三相共箱布置：126kV，2000A，40kA/3s					
		每套含					
		断路器：2000A，40kA/3s，1台					
		隔离开关：2000A，40kA/3s，3组					
		接地开关：2000A，40kA/3s，3组					
		电流互感器：1000～2000/1A，0.2S/0.2S/5P30/5P30，10/10/10/10VA，3只					
		带电显示器：1套					
		套管：2000A，外绝缘爬电距离不小于3150mm，1套					
		间隔绝缘盆、法兰等附件					
3.3	集成式智能组合电器	户内SF$_6$气体绝缘全密封（GIS）	套	2	500026250	9906-500026250-00053	电缆出线间隔
		三相共箱布置：126kV，2000A，40kA/3s					
		每套含					
		断路器：2000A，40kA/3s，1台					

序号	产品名称	型号及规格	单位	数量	物料编码	固化ID	备注
		隔离开关：2000A，40kA/3s，3组					
		接地开关：2000A，40kA/3s，2组					
		快速接地开关：40kA/3s，1组					
		电流互感器：（1000～2000）/1A，5P30/0.2S，10/10VA，3只					
		带电显示器：1套					
		电压互感器（A相）：110/$\sqrt{3}$ kV，0.5（3P），10VA，1只 附可拆卸隔离断口					
		电缆筒，1套					
		间隔绝缘盆、法兰等附件					
3.4	集成式智能组合电器	户内 SF$_6$ 气体绝缘全密封（GIS）	套	1	500026266	9906-500026266-00001	母联间隔
		三相共箱布置：126kV，2000A，40kA/3s					
		每套含					
		断路器，2000A，40kA/3s，1台					
		隔离开关：2000A，40kA/3s，2组					
		接地开关：2000A，40kA/3s，2组					
		电流互感器：（1000～2000）/1A，0.2S/5P30，10/10VA，3只					
		间隔绝缘盆、法兰等附件					
3.5	集成式智能组合电器	户内 SF$_6$ 气体绝缘全密封（GIS）	套	2	500083676	9906-500083676-00021	母线设备间隔
		三相共箱布置：126kV，2000A，40kA/3s					
		每套含					
		隔离开关：2000A，40kA/3s，1组					
		接地开关：2000A，40kA/3s，1组					
		快速接地开关：40kA/3s，1组					
		电压互感器：110/$\sqrt{3}$ kV，0.2/0.5（3P）/0.5（3P）/6P，10/10/10/10VA，3只					
		间隔绝缘盆、法兰等附件					
3.6	集成式智能组合电器	户内 SF$_6$ 气体绝缘全密封（GIS）	套	6	500083675	9906-500083675-00005	预留电缆出线间隔
		三相共箱布置：126kV，2000A，40kA/3s					
		每套含					
		隔离开关：2000A，40kA/3s，2组					
		接地开关：2000A，40kA/3s，1组					
		间隔绝缘盆、法兰等附件					
3.7	集成式智能组合电器	户内 SF$_6$ 气体绝缘全密封（GIS）	套	1	500083720	9906-500083720-00007	预留主变压器间隔
		三相共箱布置：126kV，2000A，40kA/3s					1GIS-2000/40
		每套含					
		隔离开关：2000A，40kA/3s，2组					
		接地开关：2000A，40kA/3s，1组					
		间隔绝缘盆、法兰等附件					

序号	产品名称	型号及规格	单位	数量	物料编码	固化ID	备注
3.8	110kV 氧化锌避雷器	瓷柱式	台	12	500031863	9906-500031863-00012	1MOA-102/266-40
		标称放电流：10kA，额定电压102kV					
		标称雷电冲击电流下的最大残压266kV					
		外绝缘爬电距离：3150mm					
		附智能状态在线监测装置1套					
3.9	110kV 智能组合电器主母线	户内 SF$_6$ 气体绝缘全密封（GIS）	m	4			
		三相共箱布置					
3.10	110kV 智能组合电器分支母线	户内 SF$_6$ 气体绝缘全密封（GIS）	m	15.5			
		三相共箱布置					
4	10kV 部分主设备						
4.1	10kV 开关柜	金属铠装移开式高压开关柜	台	4	500002869	9906-500002869-00068	主变压器进线柜
		真空断路器：12kV，4000A，40kA，1台					
		带电显示器，1套					
		柜宽1000mm					
4.2	10kV 开关柜	金属铠装移开式高压开关柜	台	4	500085277		主变压器隔离柜
		隔离手车：12kV，4000A，40kA，1台					
		电流互感器：4000/1A，5P20/5P20/0.2S/0.2S，10/10/10/10VA，3只					
		带电显示器：1套					

序号	产品名称	型号及规格	单位	数量	物料编码	固化ID	备注
		柜宽1000mm					
4.3	10kV 开关柜	金属铠装移开式高压开关柜	台	24	500002573		电缆出线柜
		真空断路器：12kV，1250A，31.5kA，1台					
		电流互感器：600/1A，5P30/0.5S/0.2S，10/10/10VA，3只					
		接地开关：31.5kA/4s，1组					
		避雷器：17/45kV，3只					
		带电显示器：1套					
		零序电流互感器 Φ170 100/1A					
		柜宽800mm					
4.4	10kV 开关柜	金属铠装移开式高压开关柜	台	6	500002570		电容器出线柜
		真空断路器：12kV，1250A，31.5kA，1台					
		电流互感器：600/1A，5P30/0.5S/0.2S，10/10/10VA，3只					
		接地开关：31.5kA/4s，1组					
		避雷器：17/45kV，3只					
		带电显示器，1套					
		零序电流互感器 Φ170 100/1A					
		柜宽800mm					
4.5	10kV 开关柜	金属铠装移开式高压开关柜	台	4	500002579		电抗器出线柜
		真空断路器：12kV，1250A，31.5kA，1台					
		电流互感器：600/1A，10P/0.5S/0.2S，10/10/10VA，3只					

序号	产品名称	型号及规格	单位	数量	物料编码	固化 ID	备注
		接地开关：31.5kA/4s，1组					
		避雷器：17/45kV，3只					
		带电显示器，1套					
		零序电流互感器 Φ170 100/1A					
		柜宽 800mm					
4.6	10kV 开关柜	金属铠装移开式高压开关柜	台	2	500061726		接地变压器消弧线圈出线柜
		真空断路器：12kV，1250A，31.5kA，1台；					
		电流互感器：300/1A，5P30/0.5S/0.2S，10/10/10VA，3只					
		接地开关：31.5kA/4s，1组					
		避雷器：17/45kV，3只					
		带电显示器，1套					
		柜宽 800mm					
4.7	10kV 开关柜	金属铠装移开式高压开关柜	台	4	500099478		母线设备柜
		隔离手车：12kV，1250A，31.5kA，1台					
		电压互感器：0.2/0.5（3P）/3P/6P，50/50/50/100VA（10/$\sqrt{3}$）/（0.1/$\sqrt{3}$）/（0.1/$\sqrt{3}$）/（0.1/$\sqrt{3}$）/（0.1/3）kV					
		避雷器：17/45kV，3只					
		附消谐装置					

序号	产品名称	型号及规格	单位	数量	物料编码	固化 ID	备注
		熔断器：0.5/25kA					
		带电显示器，1套					
		柜宽 800mm					
4.8	10kV 开关柜	金属铠装移开式高压开关柜	台	2	500002809		分段开关柜
		真空断路器：12kV，4000A，40kA，1台					
		电流互感器：4000/1A，5P30/0.5S，10/10VA，3只					
		带电显示器，1套					
		柜宽 1000mm					
4.9	10kV 开关柜	金属铠装移开式高压开关柜	台	2	500083637		分段隔离柜
		隔离手车：12kV，4000A，40kA，1台					
		带电显示器，1套					
		柜宽 1000mm					
4.10	主变压器进线母线桥	12kV，4000A	m	～20	500118178		
4.11	10kV 并联电容器	户内高压并联电容器成套装置组合柜	套	6	500123723		
		容量 8Mvar，额定电压：10.5kV，最高运行电压：12kV					
		含：四极隔离开关、电容器、铁芯电抗器、放电电压互感器、避雷器、端子箱等					

序号	产品名称	型号及规格	单位	数量	物料编码	固化 ID	备注
		配不锈钢网门及电磁锁					
		标称容量：8Mvar；					
		单台容量：334kvar，配内熔丝					
		爬电距离：240mm					
4.12	10kV 并联电抗器	干式，户内布置，BKSC—10000/10	台	4	500084963	9906—500084963—00002	
4.13	10kV 氧化锌避雷器	标称放电电流：5kA，额定电压17kV	台	6	500004650	9906—500004650—00026	
		标称雷电冲击电流下的最大残压：45kV					
		外绝缘爬电距离：372mm					
		附智能状态在线监测装置1套					
5	绝缘子和穿墙套管						
5.1	耐张绝缘子串	18（XWP2—70），附组装金具	串	9	500122793		
5.2	可调耐张绝缘子串	18（XWP2—70），附组装金具	串	9	500122793		
5.3	耐张绝缘子串	9（XWP2—70）与双导线连接，附组装金具	串	9	500122793		
5.4	可调耐张绝缘子串	9（XWP2—70）与双导线连接，附组装金具	串	9	500122793		
（六）	导体、导线和电力电缆						
6.1	铜排	—125×10	m	~400			
6.2	钢芯铝绞线	LGJ—630/55	m	800			
6.3	钢芯铝绞线	LGJ—300/25	m	120			
6.4	三芯电力电缆	YJV22—8.7/15—3×400	m	1000			10kV 电容器、电抗器
6.5	三芯电力电缆	YJV22—8.7/15—3×120	m	100			10kV 接地变消弧线圈
6.6	户内电缆终端	与YJV22—8.7/15—3×400配合	套	20			
6.7	户内电缆终端	与YJV22—8.7/15—3×120配合	套	4			
（七）	防雷、接地、照明						
1	专用接地装置		套	24			
2	热镀锌扁钢	—60×8		—			
3	热镀锌扁钢	—80×8		—			
4	铜排	—30×4		—			
5	铜导线	200mm²		—			
6	铜导线	100mm²		—			
7	热镀锌角钢	—63×6 L=2500mm		—			
8	热镀锌钢管	直径300 L=30m		—			
9	圆钢	直径12		—			
10	临时接地端子			—			
11	断卡紧固线			—			
12	动力配电箱	PZR—30改	面	7			

序号	产品名称	型号及规格	单位	数量	物料编码	固化ID	备注
13	照明配电箱	PZR-30改	面	4			
14	事故照明配电箱	PZR-30改	面	1			
15	检修电源箱		面	26			
16	户外检修动力箱		面	3			
（八）	金具						
1	耐张线夹		套	72			
2	设备线夹		套	102			
3	T型线夹		套	78			
4	导线间隔棒		套	100			
5	槽钢	L=1500mm	套	36			
6	槽钢	L=5000mm	套	6			
（九）	电缆支架、防火材料						
1	电缆防火涂料	FBQ-2	kg	—			
2	防火涂料	BXF-D311	kg	—			
3	有机耐火隔板	BXF-7 t=10mm	m²	—			
4	膨胀螺栓	M6×60	套				
5	膨胀螺栓	M8×80	套				
6	膨胀螺栓	M8×120	套				
7	无机防火砖	QL-II	kg/m³	—			
8	有机防火堵料	FBQ-2	kg	—			

序号	产品名称	型号及规格	单位	数量	物料编码	固化ID	备注
9	有机角板连接件	L70×70×5	m	—			
10	角钢	75×75×8	m	—			
11	角钢	45×45×4	m	—			
12	圆钢	$\phi10$	m	—			
13	铝合金或敷铝锌板		m	—			
14	槽盒支架		m	—			
一	给水部分						
1	衬塑镀锌钢管	DN100	m	80			
2	闸阀	DN100，P_N=1.6MPa	只	2			
3	防污隔断阀	DN100，P_N=1.6MPa	只	1			
4	水表	DN100，水平旋翼式，P_N=1.0MPa	只	1			
5	水表井	砖砌，$A×B$=2350×1300	座	1			
二	排水部分						
1	焊接钢管	D325×6	m	70			
2	PE双壁波纹管	DN200，环刚度不小于8kN/m²	m	150			
3	PE双壁波纹管	DN300，环刚度不小于8kN/m²	m	250			
4	PE双壁波纹管	DN400，环刚度不小于8kN/m²	m	150			
5	PE双壁波纹管	DN500，环刚度不小于8kN/m²	m	50			
6	砖砌雨水检查井	Φ1000	座	20			
7	砖砌污水检查井	Φ700	座	5			
8	水封井	Φ1250	座	3			

续表

序号	产品名称	型号及规格	单位	数量	物料编码	固化ID	备注
9	铸铁井盖及井座	Φ700，重型	套	28			
10	化粪池	G1-2SQF	座	1			
11	储存池	钢筋混凝土，$A×B×H=1500×2000×3500$	座	1			
12	一体化预制雨水泵站	玻璃钢结构，Φ2000	座	1			
三	消防部分						
1	消防水泵	$Q=50L/s$，$H=81m$	台	2			
	消防水泵配套电机	$U=380V$，$N=75kW$	台	2			
	自动巡检装置						
2	消防增压给水设备						
	气压罐		台	1			
	增压泵	$Q=3.6m^3/h$，$H=30m$，$N=2.2kW$	台	2			
3	装配式消防水箱	不锈钢，$A×B×H=3500×3000×2000$	台	1			
4	潜水排污泵	$Q=15m^3/h$，$H=10m$，$N=1.5kW$	台	2			
5	闸阀	DN250，$P_N=1.6MPa$	只	2			
6	闸阀	DN200，$P_N=1.6MPa$	只	8			
7	闸阀	DN100，$P_N=1.6MPa$	只	10			
8	闸阀	DN65，$P_N=1.6MPa$	只	1			
9	闸阀	DN50，$P_N=1.6MPa$	只	6			
10	止回阀	DN200，$P_N=1.6MPa$	只	2			
11	止回阀	DN50，$P_N=1.6MPa$	只	6			
12	液压水位控制阀	DN100，$P_N=1.6MPa$	只	1			
13	泄压阀	DN100，$P_N=1.6MPa$	只	1			
14	无缝钢管	D219×6	m	300			

续表

序号	产品名称	型号及规格	单位	数量	物料编码	固化ID	备注
15	室外消火栓	SS100/65-1.6型，出水口联接为内扣式	套	4			
16	合成型泡沫喷雾灭火设备	储液罐$V=14m^3$，包括储液罐、动力瓶组、驱动装置、放空阀等	套	1			
17	水喷雾喷头	ZSTWB系列，DN25	只	150			
18	镀锌钢管	DN25	m	50			
19	镀锌钢管	DN50	m	150			
20	镀锌钢管	DN80	m	300			
21	闸阀	DN80，$P_N=1.6MPa$	只	3			
22	地下式消防水泵接合器	SQX100A型，DN100	套	6			
23	砖砌阀门井	$A×B=1750×1500$	座	3			
24	铸铁井盖及井座	Φ700，重型	套	3			
25	消防沙箱	1m³，含消防铲、消防桶等	套	3			
26	推车式干粉灭火器	50kg/具	具	3			
27	手提式干粉灭火器	5kg/具	具	6			
29	超细干粉灭火装置	5kg/具	具	75			
（十）	暖通						
1	边墙式方形轴流风机	风量：6300m³/h，静压：120Pa	台	4			
	管道式	电源：380V/50Hz，电机功率：0.55kW					
2	边墙式方形轴流风机	风量：7800m³/h，静压：60Pa	台	3			
		电源：380V/50Hz，电机功率：0.37kW					

序号	产品名称	型号及规格	单位	数量	物料编码	固化 ID	备注
3	边墙式方形轴流风机	风量：3700m³/h，静压：60Pa	台	4			
		电源：380V/50Hz，电机功率：0.18kW					
4	边墙式方形轴流风机	风量：6300m³/h，静压：60Pa	台	6			
	防腐型	电源：380V/50Hz，电机功率：0.25kW					
5	边墙式方形轴流风机	风量：3700m³/h，静压：60Pa	台	3			
	防腐型	电源：380V/50Hz，电机功率：0.18kW					
6	边墙式方形轴流风机	风量：1700m³/h，静压：60Pa	台	2			
	防爆型	电源：380V/50Hz，电机功率：0.125kW					
7	风冷柜式空调机	规格：3HP，制冷/制热量：7.5/8.2kW	台	4			
8	风冷壁挂式空调机	规格：2HP，制冷量：5.0kW，制热量：5.8W	台	3			
9	风冷壁挂式空调机	规格：1.5HP，制冷量：3.5kW，制热量：4.0W	台	1			
10	风冷壁挂式空调机	规格：1HP，制冷量：2.5kW，制热量：3.4kW	台	1			
11	风冷防爆壁挂式空调	规格：2HP，制冷/制热量：5.0/5.3kW	台	2			
12	电取暖器	制热量：3.0kW，电源：220V，50Hz	台	13			
13	电取暖器	制热量：2.5kW，电源：220V，50Hz	台	6			
14	电取暖器	制热量：2.0kW，电源：220V，50Hz	台	1			
15	电取暖器	制热量：1.5kW，电源：220V，50Hz	台	1			
16	电取暖器	制热量：1.3kW，电源：220V，50Hz	台	3			

序号	产品名称	型号及规格	单位	数量	物料编码	固化 ID	备注
17	电取暖器	制热量：1.0kW，电源：220V，50Hz	台	3			
18	电取暖器（防爆型）	制热量：2.5kW，电源：220V，50Hz	台	2			
19	吸顶式换气扇	风量：400m³/h，风压：250Pa	台	2			
20	半球形通风管罩	规格：直径150，不锈钢制作	只	2			
21	硅酸钛金复合单层软风管	规格：直径150mm，长度～1300mm	只	2			
22	保温密闭型电动百叶窗	规格：1500mm×600mm（高）	只	11			
		规格：1500mm×1000mm（高）	只	2			
		规格：1500mm×1500mm（高）	只	3			
23	防火阀	规格：620×620，阀厚320mm，一侧设铝合金百叶风口，常开型	只	4			

电气二次主要设备材料清册见表10-6。

表 10-6　　电气二次主要设备材料清册

序号	设备名称	型号及规格	单位	数量	备注
二	电气二次部分				
1	220kV 系统保护				
（1）	220kV 线路保护装置		台	8	
（2）	220kV 母联保护装置		台	2	
（3）	220kV 母线保护柜	每面柜含 220kV 母线保护装置 1 台、预留 2 台交换机位置	面	2	
2	110kV 系统保护				
（1）	110kV 线路保护测控装置		台	6	
（2）	110kV 母线保护柜	含 110kV 母线保护装置 1 台	面	1	
（3）	110kV 母联保护测控装置		台	1	

序号	设备名称	型号及规格	单位	数量	备注
3	故障录波装置柜	220kV 故障录波装置 2 台，主变压器故障录波装置 2 台，110kV 故障录波装置 1 台	面	3	
4	监控系统				
4.1	站控层设备				
（1）	主机兼操作员站柜	含主机兼操作员站 2 台	面	1	
（2）	Ⅰ区数据通信网关机柜	包括Ⅰ区通信网关机 2 台（每台配双电源模块），Ⅰ区站控层中心交换机 2 台，Ⅰ区/Ⅱ区防火墙 2 台	面	1	对设备双电源状态进行监测
（3）	Ⅱ/Ⅲ/Ⅳ区数据通信网关机柜	Ⅱ区通信网关机 2 台（每台配双电源模块），Ⅲ/Ⅳ区通信网关机 1 台，Ⅱ区站控层中心交换机 2 台	面	1	对设备双电源状态进行监测
（4）	综合应用服务器柜	包括综合服务器 1 台，正、反向隔离装置各 1 台	面	1	
（5）	站控层网络设备柜	站控层交换机（百兆、22 电口 2 多模光口）6 台	面	1	
（6）	220kV 公用测控及站控层网络设备柜	站控层交换机（百兆、22 电口 2 多模光口）4 台，1 台测控位置	面	1	
（7）	公用及 10kV 母线测控柜	4 套测控装置，预留 1 套位置	面	1	
（8）	10kV 站控层交换机		台	4	
（9）	SCD 配置工具		套	1	
（10）	辅助材料（含缆材、光电转换等）		套	1	
（11）	高级应用软件	变电站端自动化系统顺序控制；变电站保护信息远传显示；扩展防误闭锁功能应用；变电站端信息分类分层；智能告警；状态可视化；源端维护等功能	套	1	
（12）	网络打印机		台	2	
（13）	调度数据网设备柜	共两套，每套含：数据网交换机 2 台（每台配双电源模块），数据网接入路由器 1 台（配双电源模块），纵向加密认证 2 台（每台配双电源模块），网络安全监测装置 1 台（配双电源模块）	面	2	应对设备双电源状态进行监测

序号	设备名称	型号及规格	单位	数量	备注
4.2	间隔层设备				
（1）	主变压器测控柜	每面柜含主变压器各侧及本体测控共 5 台	面	2	
（2）	220kV 线路、母联测控装置		台	5	安装于各间隔智能控制柜中
（3）	220、110kV 母线测控装置		台	2	安装于母线智能控制柜中
（4）	10kV 线路保护测控集成装置		台	24	安装于 10kV 线路开关柜上
（5）	10kV 电容器保护测控集成装置		台	6	安装于 10kV 电容器开关柜上
（6）	10kV 电抗器保护测控集成装置		台	4	安装于 10kV 电抗器开关柜上
（7）	10kV 接地变压器保护测控集成装置		台	2	安装于 10kV 接地变压器开关柜上
（8）	10kV 分段保护测控集成装置（含备自投功能）		台	2	安装于 10kV 分段开关柜上
（9）	10kV 电压并列装置		台	2	安装于 10kV 隔离开关柜上
4.3	过程层设备				
（1）	合并单元	包括以下设备			
	主变压器	每台主变压器 220kV 侧 2 台，公共绕组 2 台	台	8	
	220kV	线路及母联间隔，每间隔 2 台，共 10 台；母线 2 台	台	12	
	110kV	母线 2 台	台	2	
（2）	智能终端	包括以下设备			
	主变压器	每台主变压器 220kV 侧 2 台，本体 1 台	台	6	
	220kV	线路及母联间隔，每间隔 2 台，共 10 台；母线 2 台	台	12	

序号	设备名称	型号及规格	单位	数量	备注
	110kV	母线 2 台	台	2	
（3）	合并单元智能终端一体化装置	包括以下设备			
	110kV 合并单元智能终端一体化装置	线路及母联间隔，每间隔 1 台，共 7 台；每台主变压器 110kV 侧 2 台	台	11	
	10kV 合并单元智能终端一体化装置	主变压器 10kV 侧每个分支 2 台，共 8 台	台	8	
（4）	主变压器本体智能控制柜	每套柜预留合并单元 2 台、智能终端 1 台（含非电量保护）位置	面	2	
（5）	220kV 过程层中心交换机	百兆、16 多模光口交换机	台	4	安装于 220kV 两面母线保护柜中
（6）	110kV 过程层交换机柜	5 台百兆、16 多模光口交换机	面	1	
（7）	220kV 线路过程层交换机	百兆、8 多模光口交换机	台	8	安装在 220kV 线路智能控制柜
（8）	220kV 母联过程层交换机	百兆、8 多模光口交换机	台	2	安装在 220kV 母联智能控制柜
（9）	220kV 主变压器进线过程层交换机	百兆、16 多模光口交换机	台	4	安装在主变压器保护柜
（10）	110kV 主变压器进线过程层交换机	百兆、16 多模光口交换机	台	4	安装在主变压器保护柜
4.4	网络记录分析装置柜	分析装置 2 台、采集装置 4 台	面	2	
5	主变压器保护				
（1）	主变压器保护柜 1	主变压器保护装置 1 套、预留 2 台交换机位置	面	2	
（2）	主变压器保护柜 2	主变压器保护装置 1 套、预留 2 台交换机位置	面	2	
6	变电站时间同步系统				
（1）	时间同步主时钟柜	双钟冗余配置 2 套（每台配双电源模块）、天线 4 套（GPS 及北斗各 2 套）	面	1	应对设备双电源状态进行监测
（2）	时间同步扩展柜		面	1	
7	二次安全防护设备	纵向加密装置 4 台	套	1	安装在数据网设备柜上

序号	设备名称	型号及规格	单位	数量	备注
8	10kV 低频低压减载柜	低频低压减负荷装置 1 套	面	1	
9	一体化电源系统				
（1）	直流子系统				
	高频电源充电装置屏		面	2	
	直流联络柜		面	1	
	直流馈线柜		面	4	
	直流分屏		面	2	
	通信电源屏		面	2	
（2）	UPS 电源子系统				
	UPS 电源柜	容量 10kVA	面	2	
（3）	交流子系统				
	交流进线柜	每面含 ATS 开关 1 套，控制单元 1 套	面	2	
	交流馈线柜		面	4	
（4）	蓄电池组	DC220V，500Ah	组	2	
（5）	一体化监控柜		面	1	
10	智能辅助控制系统				
（1）	智能辅助系统柜		面	2	
（2）	图像监视及安全警卫子系统	含视频监控服务器及摄像机等	套	1	
（3）	火灾报警子系统		套	1	
（4）	环境信息采集子系统	含 SF$_6$ 气体监测传感器	套	1	
（5）	高压脉冲电网	四区控制	套	1	
（6）	门禁系统		套	1	
11	计量系统				
（1）	220kV 线路电能表	数字式多功能电能表（有功 0.5S，无功 2.0）	块	4	
（2）	110kV 线路电能表	数字式多功能电能表（有功 0.5S，无功 2.0）	块	6	
（3）	主变压器关口表柜	含数字式多功能电能表 8 块（有功 0.2S，无功 2.0）	面	1	
（4）	10kV 电能表	电子式多功能电能表（有功 0.5S，无功 2.0）	块	36	安装于各间隔开关柜中
（5）	电能量终端采集装置		套	1	安装于关口表柜中

序号	设备名称	型号及规格	单位	数量	备注
12	泡沫消防控制柜		面	1	随泡沫消防系统提供
13	消弧线圈控制柜		面	1	随消弧线圈设备供应
14	状态监测系统		套	1	
（1）	主变压器在线监测系统				
	主变压器油色谱在线监测 IED	安装于就地布置的在线监测智能控制柜内	套	2	
	在线监测智能控制柜	每台主变压器 1 面，就地安装	面	2	
	主变压器油色谱在线监测系统软件	与综合服务器整合	套	1	
（2）	避雷器在线监测系统				
	避雷器在线监测传感器	安装在 220kV 侧避雷器	只	18	
	避雷器在线监测 IED	安装在母线智能控制柜	台	1	
	避雷器在线监测系统软件	与综合服务器整合	套	1	

序号	设备名称	型号及规格	单位	数量	备注
15	其他材料				
（1）	火灾系统及图像监视安全及警卫系统用钢管	$\phi32$	m	2000	
（2）	在线监测系统埋管	$\phi32$	m	200	
（3）	PVC 保护管		m	1000	
（4）	光缆槽盒		m	1500	
（5）	12 芯预制光缆（双端）	20 根	m	3000	
（6）	4 芯预制光缆（双端）	50 根	m	6000	
（7）	12 芯预制光缆连接器	含电缆头及配套组件	对	40	
（8）	4 芯预制光缆连接器	含电缆头及配套组件	对	100	
（9）	多模尾缆		m	8000	
（10）	控制电缆		km	20	
（11）	电力电缆		km	15	
（12）	监控系统屏蔽双绞线	超五类屏蔽双绞线（满足工程需要）	m	2000	
（13）	监控系统以太网线	超五类屏蔽以太网线（满足工程需要）	m	6000	

第4篇

冀北通用设计实施方案施工图设计说明及图纸

冀北通用设计实施方案施工图设计说明及图纸电子版见书后所附光盘。

附录 A　光盘使用说明

A.1　内容介绍

本 DVD–ROM 数据光盘与《国网冀北电力有限公司输变电工程通用设计 220kV 智能变电站模块化建设》纸质部分配套使用。光盘内容将图书的第 4 篇冀北通用设计实施方案施工图设计说明及图纸，利用计算机数据技术进行处理，建立起以 Adobe Reader 为环境的数据浏览和查询检索。

A.2　使用说明

光盘放入光驱，需要用户在光盘根目录下点击 setup.exe 文件运行执行程序。

引导程序第一次运行时，首先检测本机是否安装了 PDF 阅读器 Adobe Reader。如果检测到该阅读器存在，则直接运行光盘程序；如果检测到该阅读器未存在，则自动安装随盘所带的 Adobe Reader 8.0，然后运行光盘程序。此后双击光盘根目录下的 setup.exe 文件即可直接启动光盘程序。

需要注意的是，所有数据都加密保存在光盘上，所以要正常浏览和检索数据，需保证光盘始终在光驱中。

A.3　功能介绍

光盘上所有数据都基于 Adobe Reader 进行浏览，对数据进行处理时采用 PDF 格式文件保留原版面（包括工程图纸）版式，同时实现关键词的任意检索。

对 Adobe Reader 进行的二次开发在数据结构上采用书签和目录相结合的形式。书签形式清晰地表示出光盘目录的层次结构，化繁为简，可逐级点开，形式。

能够最快定位到所需数据；而目录形式则将光盘数据结构全部呈现，一目了然，可精准定位到要查询的目录、模块和文件，并可直接打开进行浏览。

此外，由于使用了矢量处理技术，所有 PDF 文件可在极大范围内进行无损缩放。

A.4　运行环境

A.4.1　硬件条件

主机：Intel Pentium II 以上
内存：64MB 以上
硬盘：剩余空间 1.5GB 以上
显示器：VGA/SVGA
其他：DVD–ROM 光盘驱动器

A.4.2　软件条件

操作系统：Windows 2000/XP/Vista/7/8 等简体中文版
浏览器：Adobe Reader 8.0 或以上版本
语言环境：简体中文系统

A.5　加密说明

光盘以及数据采用高强度加密。光盘本身不能够被复制，其上的关键数据文件被隐藏；文件仅供浏览和打印，不支持选中和拷贝；即使 PDF 文件被另存为副本，由于文件做了加密处理，拷出本机后也无法正常打开。

敬请注意：由于用户强行尝试破解导致的光盘损坏是不可恢复的。